U0394749

东阳卢宅营造技艺

东阳卢宅营造技艺

总主编 金兴盛

浙江省非物质文化遗产代表作丛书

浙江摄影出版社

吴新雷 楼震旦 编著

总 序

中共浙江省委书记
省人大常委会主任　夏宝龙

　　非物质文化遗产是人类历史文明的宝贵记忆，是民族精神文化的显著标识，也是人民群众非凡创造力的重要结晶。保护和传承好非物质文化遗产，对于建设中华民族共同的精神家园、继承和弘扬中华民族优秀传统文化、实现人类文明延续具有重要意义。

　　浙江作为华夏文明发祥地之一，人杰地灵，人文荟萃，创造了悠久璀璨的历史文化，既有珍贵的物质文化遗产，也有同样值得珍视的非物质文化遗产。她们博大精深，丰富多彩，形式多样，蔚为壮观，千百年来薪火相传，生生不息。这些非物质文化遗产是浙江源远流长的优秀历史文化的积淀，是浙江人民引以自豪的宝贵文化财富，彰显了浙江地域文化、精神内涵和道德传统，在中华优秀历史文明中熠熠生辉。

　　人民创造非物质文化遗产，非物质文化遗产属于人民。为传承我们的文化血脉，维护共有的精神家园，造福子孙后代，我们有责任进一步保护好、传承好、弘扬好非物质文化遗产。这不仅是一种文化自觉，是对人民文化创造者的尊重，更是我们必须担当和完成好的历史使命。对我省列入国家级非物质文化遗产保护名录的项目一项一册，编纂"浙江省非物质文化遗产代表作丛书"，就是履行保护传承使命的具体实践，功在当代，惠及后世，有利于群众了解过去，以史为鉴，对优秀传统文化更加自珍、自爱、自觉；有利于我们面向未来，砥砺勇气，以自强不息的精神，加快富民强省的步伐。

党的十七届六中全会指出，要建设优秀传统文化传承体系，维护民族文化基本元素，抓好非物质文化遗产保护传承，共同弘扬中华优秀传统文化，建设中华民族共有的精神家园。这为非物质文化遗产保护工作指明了方向。我们要按照"保护为主、抢救第一、合理利用、传承发展"的方针，继续推动浙江非物质文化遗产保护事业，与社会各方共同努力，传承好、弘扬好我省非物质文化遗产，为增强浙江文化软实力、推动浙江文化大发展大繁荣作出贡献！

（本序是夏宝龙同志任浙江省人民政府省长时所作）

前　言

浙江省文化厅厅长　金兴盛

国务院已先后公布了三批国家级非物质文化遗产名录，我省荣获"三连冠"。国家级非物质文化遗产项目，具有重要的历史、文化、科学价值，具有典型性和代表性，是我们民族文化的基因、民族智慧的象征、民族精神的结晶，是历史文化的活化石，也是人类文化创造力的历史见证和人类文化多样性的生动展现。

为了保护好我省这些珍贵的文化资源，充分展示其独特的魅力，激发全社会参与"非遗"保护的文化自觉，自2007年始，浙江省文化厅、浙江省财政厅联合组织编撰"浙江省非物质文化遗产代表作丛书"。这套以浙江的国家级非物质文化遗产名录项目为内容的大型丛书，为每个"国遗"项目单独设卷，进行生动而全面的介绍，分期分批编撰出版。这套丛书力求体现知识性、可读性和史料性，兼具学术性。通过这一形式，对我省"国遗"项目进行系统的整理和记录，进行普及和宣传；通过这套丛书，可以对我省入选"国遗"的项目有一个透彻的认识和全面的了解。做好优秀传统文化的宣传推广，为弘扬中华优秀传统文化贡献一份力量，这是我们编撰这套丛书的初衷。

地域的文化差异和历史发展进程中的文化变迁，造就了形形色色、别致多样的非物质文化遗产。譬如穿越时空的水乡社戏，流传不绝的绍剧，声声入情的畲族民歌，活灵活现的平阳木偶戏，奇雄慧黠的永康九狮图，淳朴天然的浦江麦秆剪贴，如玉温润的黄岩翻簧竹雕，情深意长的双林绫绢织造技艺，一唱三叹的四明南词，意境悠远的浙派古琴，唯美清扬的临海词调，轻舞飞扬的青田鱼灯，势如奔雷的余杭滚灯，风情浓郁的畲族三月三，岁月留痕的绍兴石桥营造技艺，等等，这些中华文化符号就在我们身边，可以感知，可以赞美，可以惊叹。这些令人叹为观止的丰厚的文化遗产，经历了漫长的岁月，承载着五千年的历史文明，逐渐沉淀成为中华民族的精神性格和气质中不可替代的文化传统，并且深深地融入中华民族的精神血脉之中，积淀并润泽着当代民众和子孙后代的精神家园。

岁月更迭，物换星移。非物质文化遗产的璀璨绚丽，并不意味着它们会永远存在下去。随着经济全球化趋势的加快，非物质文化遗产的生存环境不断受到威胁，许多非物质文化遗产已经斑驳和脆弱，假如这个传承链在某个环节中断，它们也将随风飘逝。尊重历史，珍爱先人的创造，保护好、继承好、弘扬好人民群众的天才创造，传承和发展祖国的优秀文化传统，在今天显得如此迫切，如此重要，如此有意义。

非物质文化遗产所蕴含着的特有的精神价值、思维方式和创造能力，以一种无形的方式承续着中华文化之魂。浙江共有国家级非物质文化遗产项目187项，成为我国非物质文化遗产体系中不可或缺的重要内容。第一批"国遗"44个项目已全部出书；此次编撰出版的第二批"国遗"85个项目，是对原有工作的一种延续，将于2014年初全部出版；我们已部署第三批"国遗"58个项目的编撰出版工作。这项堪称工程浩大的工作，是我省"非遗"保护事业不断向纵深推进的标识之一，也是我省全面推进"国遗"项目保护的重要举措。出版这套丛书，是延续浙江历史人文脉络、推进文化强省建设的需要，也是建设社会主义核心价值体系的需要。

在浙江省委、省政府的高度重视下，我省坚持依法保护和科学保护，长远规划、分步实施，点面结合、讲求实效。以国家级项目保护为重点，以濒危项目保护为优先，以代表性传承人保护为核心，以文化传承发展为目标，采取有力措施，使非物质文化遗产在全社会得到确认、尊重和弘扬。由政府主导的这项宏伟事业，特别需要社会各界的携手参与，尤其需要学术理论界的关心与指导，上下同心，各方协力，共同担负起保护"非遗"的崇高责任。我省"非遗"事业蓬勃开展，呈现出一派兴旺的景象。

"非遗"事业已十年。十年追梦，十年变化，我们从一点一滴做起，一步一个脚印地前行。我省在不断推进"非遗"保护的进程中，守护着历史的光辉。未来十年"非遗"前行路，我们将坚守历史和时代赋予我们的光荣而艰巨的使命，再坚持，再努力，为促进"两富"现代化浙江建设，建设文化强省，续写中华文明的灿烂篇章作出积极贡献！

2013年11月20日

目录

卢宅的地理环境及历史变迁

卢宅位于东阳城东，旧称雅兆、雅溪、一都。从《三峰卢宅家志》中的「宅里图」上看，出东阳县城东门过叱驭桥至东七里寺，沿陈宅街、卢宅街两侧都是卢宅的范围，涵盖了雅溪东、中、西河环抱区域和陈宅街一带，包括卢一、卢二、卢三三个经济合作社和陈宅街经济合作社。历史上，滕氏、东关陈氏东门派、紫金许氏、何府何氏、雅溪卢氏先后陆续在这里生活。后来滕氏、东关陈氏东门派、紫金许氏、何府何氏式微他迁，这里逐渐成为雅溪卢氏聚居之地。

卢宅的地理环境及历史变迁

在历史的长河中，东阳保存着类型丰富的建筑文化遗产，这些宝贵的遗产都是东阳能工巧匠的杰作，代表着我国古代江南地区高超的营造技艺水平。卢宅明清古建筑群以规模宏大、气势恢宏和文化内涵深厚著称，是东阳民居的杰出代表。

[壹]地理环境

卢宅位于东阳县治城东三里，青峰远映、碧水环绕，为雅溪卢氏聚居之地。旧称雅兆、雅溪、一都，从《三峰卢氏家志》中的"宅里图"上看，出东阳县城东门过叱驭桥至东七里寺，沿陈宅街、卢宅街两侧都是卢宅的范围，涵盖了雅溪东、中、西河环抱区域和陈宅街一带，包括卢一、卢二、卢三三个经济合作社和陈宅街经济合作社，现辖属吴宁办事处卢宅社区和东岘社区。

卢宅所在的东阳地处浙江中部，历史上，地扼婺、衢、处与台、甬、绍之通衢，东临嵊州、新昌，南连永康、磐安，西界义乌，北与诸暨接壤。春秋战国时为越国西界，秦属会稽郡，东汉兴平二年（195）析诸暨置吴宁县，唐垂拱二年（686），析义乌之东冲要地及废吴宁故地置东阳县，历代多隶属婺州、金华府，是一座历史悠久的文化名城,向称"婺之望县"。

会稽山、大盘山、仙霞岭延伸入境,形成东阳"三山夹两盆,两盆涵两江"地貌,造就了其"七山二水一分田"的自然环境。发源于磐安县境内的东阳北江、南江,灌溉着东阳北江盆地、南江盆地的肥沃土地,为地方民众提供了生产生活的必需用水,同时,也成为东阳与外面世界往来沟通的交通水道。大盘山余脉之中条山穿越市境中部,经东阳城区南面,径入义乌。卢宅地处东岘峰北麓的东阳江盆地,南峙笔架山,东、西岘峰为辅翼,北枕东阳江,地势南高北低,东西高,中部低。雅溪三水源自笔架山、东岘峰,自南向北流经卢宅,并在卢宅形成环抱之势,向北注入东阳江。历史上的卢宅,水陆交通相对便捷,陆路从县城出发向东、南、西、北方向可直达嵊县、天台、永康、义乌、诸暨,其中向西有铺路至义乌县城。水路从县城城北河头埠、麻车埠出发,顺流而下,途经金华、兰溪、建德、桐庐、富阳,可达杭州。十五世孙天顺壬午解元卢楷在乡试赴杭赶考途中曾作《顺风一夜至杭州口占》:"昨宵河埠拨船开,午过兰江晚钓台。今日浙江亭上望,半千里路似飞来。"卢宅可谓近城而远市嚣,面山而得林峦之利,枕水而通舟楫之便。

[贰]历史变迁

唐代以前,在卢宅居住、传承有序的家族,文献记载无从查考。但据2001年原卢宅煤饼厂附近西晋古墓的青瓷鸡首壶、青瓷唾壶等文物分析，当时的卢宅一带已有东阳家族居住。

旧时，东桥（即东门外叱驭桥）外的陈宅街，称东关。唐宋时期，此处是滕氏发迹生息之地，所居之地当时称"滕宅"。唐进士滕珦，太和初从南阳（河南南阳）迁东阳。后"以庶子四品衔赏给券还东阳"，白居易《送滕庶子致仕归婺州》有"儿着绣衣身衣锦，东阳门户胜滕家"之句。唐时有滕珦、滕迈父子进士，滕时，官至侍御史。延至宋代，滕元发、滕茂实，为一代名臣。

后来滕氏式微后，有陈宅街陈氏、雅溪卢氏先后在此居住，此地也以陈氏而易名"陈宅街"。《东关陈氏宗谱》载，陈元寿宋宣和年间授国子监助教，自甘泉乡小岭迁县北太平里亭塘，因有亭塘陈氏之称，元代文学家鹿皮子陈樵为其后裔。其一支居迁天台，南宋中叶陈休善（1146—1238）由天台而复迁东阳，择东郊以为居处，为陈宅街陈氏即东关陈氏东门派之始迁祖，曾医治南宋东阳籍宰相乔行简家人疫疾，活人甚众，而"才荐诸朝"。陈休善生陈祥、陈禧二子，次子陈禧官至广东廉访使，因当地百姓挽留定居广东，后来其子陈长、陈亨由广东而复东门故址。裔孙陈纲永乐元年癸未中举，陈泽永乐三年乙酉中举；陈俊（1365—？），字俊民，永乐十二年甲午（1414）举人，次年乙未进士，宣德年间授监察御史，宣德八年（1433）任应天府丞，正统三年（1438）任应天府府尹，卒于官。明末清初，陈氏散居城东街道啸岭、千祥云头、马宅赤岩等地。

明中后期，雅溪卢氏卢楷一房的太和堂门下，卢洪春、卢洪夏、卢洪秋、卢洪冬在此建了东白山房、秋官大夫第、寅清第、双桂堂等宅第。

雅溪一带，唐宋时期，雅兆里落后荒芜，为当时居住在东阳县城内的楼氏、周氏等家族的墓地之一。《东阳道光县志·胜迹》云："下兆村，在县东二里，唐楼湛然墓在焉。《嘉靖通志》一作白兆，《名胜志》，一作雅兆。"卢氏后裔在锡祉堂北建雅兆殿，阐发思古怀旧之幽情。

宋代，紫金许氏、何府何氏、雅溪卢氏等先后迁居于此。

卢琏，字景琦，号若殷，授翰林学士，与当时为相的王钦若、丁谓等人不和，趁提举江南学政之机，天禧年间以疾辞官，隐居浙江天台山口（今天台县白鹤镇上卢村），世号"桑州卢氏"，涌现了礼部侍郎同知枢密院事卢恭正、兵部尚书同知枢密院事卢益等显宦。

卢琏七世孙卢寔（又名卢寿），迁东阳。《东阳道光志》有云："卢寔，字充之，台州人，仕平江吴县簿，进奉议郎、审刑院院判。治平间，徙居西部乡之巧溪，去邑五里，遗址尚存。三传复迁东门外之雅溪。"《雅溪卢氏家乘》诸序中也持这一说法。西部乡巧溪因卢姓而又称卢家庭，去邑西五里，今白云陶村，至今居住着卢氏一脉。而明末南京兵部尚书许弘纲——卢洪夏的亲翁，在《刑部员外郎禹南卢公偕配赵宜人合葬墓志铭》、《方伯怀莘公行状》和福建按察使杨德政撰的《方伯怀莘公墓志铭》中提出疑问，否定了卢宴北宋治平年间迁东阳的说法，认为宋室南渡，院判卢宴从天台徙东阳。

卢宴四世孙卢员甫，于南宋中叶分迁到东阳县治东北，古称升苏乡下韩的地方（今卢宅东北隅），蠡斯繁衍。清卢懋榮《念修录》有云："元谱述，始迁之略曰，徙居东北郭升苏乡之下韩原，再徙东郭外。则是初徙下韩原，久之定居雅溪边。"

与卢氏迁居东北郭下韩的同时，许熠徙居一都雅兆。据《紫金许氏宗谱》载："熠由西街徙居一都雅兆，父子同第，衣紫腰金十又七人，而之名以著……"《昭仁许氏宗谱》也载："熠字元盛，恩授国子监学录，公自西街迁邑东雅兆里居焉，子孙显贵，衣紫腰金，盘桓交映溪涧，故名其经行之桥曰紫金，遂称紫金桥许氏云。"其子许平仲，字公正，登乾道戊子乡进士，官至仁和县尉；弟许几仲，字公平，与兄同科进士。孙许遇，字文会，登宝庆乙酉乡进士，通直郎知潜江县事；许迈，字子良，号肖说，登嘉熙戊戌进士，仕至太学博士、知台州；曾孙许伯继，字为可，登景定甲子进士，通直郎。卢宅原嘉会堂至"屏翰"牌坊处（今花厅巷），有紫金井及井旁的紫金桥遗迹。

据《东阳何府宗谱》载：知枢密院事兼参知政事何梦然景定五年（1264）建府于南湖，咸淳三年（1267）在老家南湖之外复建第于邑东东岘峰下紫金里，堂名平实，围小轩号月斋，吟风嘲月自适。景炎三年（1278）南湖府第毁，侄何复道、子何贯道迁居新第，分东府、西府，东府后来俗称何府基，西府在雅溪西河外，旧绿斐园附近。《康熙新修东阳县志》云："何府基，即何梦然宅，今为卢氏居，在一都地。往时常掘得柱础之类，皆异常制云。"清乾隆后期卢永章咏卢宅十大名园的诗《感旧十首》小序中云："绿斐园，西河外，地邻西何府故址，童时犹见墨沼花砖。"《三峰家志》亦云："雅溪堤上犹见何氏墓道石马。"桂林巷雅溪西河对面一带，仍传有"何府前"的名称。月塘后的"溪桥石马"为蔗园的八景之一，至今犹存。何贯道（1254—1312），字廷实，号平野，梦然次子，曾任元朝东阳第一任县尹，历任昆山、崇明等处千户。何贯道生三子，元朝元统年间（1333—1335），长子何钧僧偕其子何瑾迁菱塘（今林头）；次子何钟僧后裔迁象岗、青塘；幼子何铨僧后裔迁巍山、何塘。但何府何氏仍有人居住在雅溪，与卢氏、许氏、陈氏互通婚姻。

南宋末，雅溪卢氏与当时还在东阳城里的宗室魏王赵廷美后裔赵氏联姻，其八世孙卢大成、卢大振两兄弟为魏王郡马。蒙古铁骑横扫大江南北，攻占了偏安江南的南宋政权首都临安，在这关系到国家存亡的时刻，卢大成、卢大振激于民族大义，组织义军抗元，最后牺牲于南岭头下，今罗屏附近的下溪。卢氏因而受到元朝统治者的迫害，相传曾避居巧溪。终元一朝，卢氏激于民族气节隐晦不仕，有"宋则仕焉，元则隐"之说。家族成员过着宁静安逸、自给自足的生活，他们"自奉俭约，食不兼味，衣不重彩"，勤俭持家，逐渐成为地方上殷实小康的家族。然而，好景不长，担任粮长的卢道清在洪武癸酉（1393）的一次解粮输租过程中，兄弟三人"为同役者后期连坐，卒于旅邸"。其子寿二府君卢天保按律戍边，但不忍永戍累及子孙，抛下几个未成年的孩子自缢而死，从而使家族陷入困境。邻里巨室欺孤儿寡母，趁火打劫，夺其财产，经年仅十四岁的卢圭和十一岁的卢章以弱冲之龄四处奔走，上县、府大堂抗争，才得以保住家业。在内忧外患中，卢天保之妻贾光以一个普通妇女的纤弱之躯，担负起抚幼养孤振兴家业的重担。她携孤往依外家横溪贾氏，又综理家政，不惮辛劳，倾囊竭赀以完租赋。同时十分注重对孩子的教育，从小培养起良好的生活习惯和行为规范，让他们从师向学，接受良好的教育。经过贾太夫人几十年的苦苦支撑和精心操劳，一直到明成祖永乐丙戌年（1406），长子卢华被荐辟至朝，侍读东宫，参与编修《永乐大典》，后出仕安徽亳县知县；次子卢睿高中永乐辛丑进士，巡按辽东，拜宣府、大同巡抚，参赞宁夏军务，官至都察院右副都御史，才扬眉吐气。卢圭、卢章因兄长卢华和卢睿羁于仕途，在家里"痛自磨砺，以树立门户"，成为地方上屈指可数的富翁，筑室殆百余楹，广田亩若干顷。整个家族改变以往只富不贵，受人欺侮的局面。从此以后，雅溪卢氏家道日盛、声望日隆。何府何氏衰落，紫金许氏式微，卢氏逐渐蚕食何氏、许氏地方，西迁到雅溪边。明清两朝，雅溪卢氏自卢睿明永乐辛丑登进士第始，共中进士八人，举人二十九人，贡生一百十八人，置身宦林一百二十余人，以政治、忠义、节烈、文章名垂青史者，不胜枚举，成为婺之望族。

卢宅的建筑

受社会大环境的影响，明清时期富甲一方的雅溪卢氏，在科举蝉联、政治地位越来越提高的情况下，大规模营造了与同时期的中国其他家族一样，十分重视村落的布局和房屋的选址，十分重视村落发展相适应的宅第。卢宅的村落格局形成于明万历年间，以大宗祠介祉堂为中心，沿东西走向的卢宅大街，复荆堂、肃雍堂、树德堂三大宗支建筑组群分南、西、东方向三足鼎立，房屋数千，鳞次栉比，街巷纵横，庭院深深。许多建筑毁于战乱、水火灾患，损毁于「文化大革命」时期和社会经济的迅速发展，有的面貌仅存于老人口述之中，有的仅存遗址，但是仍保存着最具代表性的建筑如肃雍堂、世雍堂、树德堂、嘉会堂、世德堂、存义堂、忠孝堂、荷亭书院等，可一窥卢宅乃至东阳地方建筑文化的特征。

卢宅的建筑

[壹]选址布局

卢宅在东岘峰北麓的东阳江盆地上，"三峰峙其南，两水环其北，前有蔬圃，后有甫田"，是卢宅村落风水环境的形象描述，前山后水，面山绕水，坐虚向实，也道出了卢宅不同于东阳其他村落背山面水、负阴抱阳的传统模式：北依川流不息的东阳北江，南揖横贯东阳东西向布置的南山；南山之中有一极佳的对景山峦——三邱山，形似笔架，端严如画；南山和东阳江之间，有东岘主峰向北派生出的一支低矮山丘——巡检山、覆船山、黄腾山等，逶迤于卢宅之东；由东岘峰派生出另一支低矮山丘西山头，绵亘于卢宅之西，界于县城与卢宅之间，在地理上和心理上把卢宅和县城界隔开。因为地势南高北低，南山之水通过东、中、西雅溪向北泄泻，在北部环合后，往西北方向蜿蜒汇入东阳北江。北有东阳北江拱卫，复有雅溪兜收，东西分别有山丘护卫，南面三邱山端拱有情，卢宅自然就成了卜居佳处。

雅溪卢氏夹雅溪而居，雅溪三水清澈绕舍，流芳宅里，深悟"得水"其中三昧。卢懋榮《河东填龙记》记述："吾族夹雅溪而居，因有河东、西之名。河东地脉肇自蒋家尖西，形家所谓'来龙'也。龙自山足逶迤而出，而水经其左，折而西，合岘峰之水，以注于雅溪，此古道也。"雅溪，也称岘溪，汇南山之水，分成东河、中河、西河三支，穿村而流。其中处于雅溪中河、西河环抱之中的肃雍堂宗支宅院，主轴线偏西南35度，正对着东岘、西岘两岘之间的笔架山，"云外插三峰，好安画石笔"。笔架山，因形似笔架而得名，是一处极佳的对景山峦。《东阳县志》载："笔架峰在县南十三里，三山相峙，若笔架然。"如《堪舆漫兴》等著作所言："案山最喜是三台，玉几横琴亦壮哉。笔架眠弓并席帽，凤凰池上锦衣回。"又《管子·水地篇》云："水者，地之血气，如筋脉之通流者也，故曰水具材也。"肃雍堂甬道两转三折，中段正对宗祠前莲花之心，有藏风纳气之功。左右雅溪水金城环抱，溪上构多座石桥，增加锁阴气氛，向北汇至宅后，辟月塘（旧称大陂）滞流，并用人工筑小墩一座，避免后部失之空旷，进口开敞，去口关闭紧密，"足以荫地脉养真气"。月塘不在宅前而在宅后，寓"水口收藏积万金"的蓄财之意。泄口建一跌坡，溪流弯曲不至于直去无收，其上建石桥一座，形同关锁。其后"地户"雅水文林小墩三面临水，有文林阁（内奉祀文昌帝君）"坐镇"，彻底扼住关口，以固一方之元气。肃雍堂以文林阁和笔架山为架构，形成文笔组合，表达了雅溪卢氏祈求文运昌盛、科第绵延的愿望。

中国的传统建筑布局，由宗族关系决定它的内部结构，一个房派的成员住宅簇拥在这个房派的祠堂或者公共厅堂周围，形成建筑组群，体现了以血缘为纽带的封建宗法组织关系。具体到卢宅的建筑分布而言，主要以大宗祠为村中心，按一街三水、房派脉络，分为四块既独立又连成一体的区域。

　　一街即横贯东西的陈宅街、卢宅老街。出邑东门，过叱驭桥，则有忠直名臣坊、解元坊、南国文章坊迭次相迎。从忠直名臣坊到村东的还珠亭，三里鹅卵石陈宅街、卢宅大街横贯东西。明清两代，雅溪卢氏建有25座牌坊，用以褒扬忠孝节义、标榜功名，主要集中于陈宅街、卢宅街两侧，在丰富卢宅宅居空间序列的同时，也显示了家族的

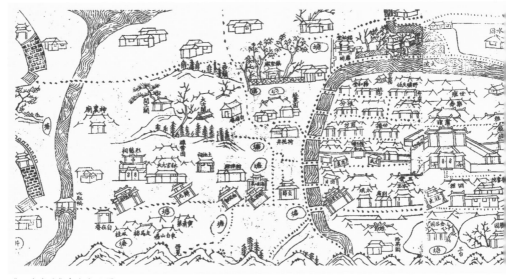

《三峰家志》卢氏宅里图

气势与威严，惜多毁于"文化大革命"期间。

雅溪之滨，村落中心为大宗祠介祉堂，位于卢宅街中段北侧（20世纪70年代被拆毁），复荆堂、肃雍堂、树德堂三大宗支建筑组群雄踞群舍之中，沿东西走向的卢宅大街，以街北的大宗祠为中心，分南、西、东方向三足鼎立。

卢宅老街街南区域，卢叔敬（九房）、卢睿、卢章、卢楷后裔杂居，历史上有复荆堂、申锡堂、永和堂（卢楷派）、一经堂、前书堂、光裕堂、贻谷堂、父子登科、朝北厅、九房等，大多已毁圮，复荆堂迁入东岘峰上保护。

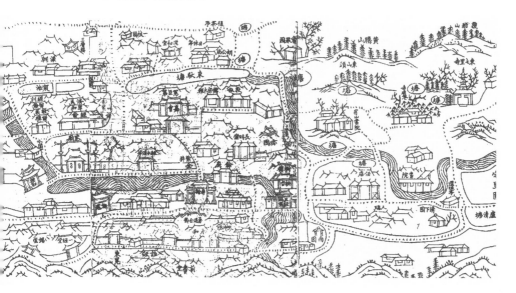

1988年测绘的卢宅全图

　　卢宅老街街北大宗祠以西、雅溪中西河环抱区域，主要为第三房系卢圭肃雍堂房派组群：卢圭独子卢溶建造了肃雍堂。卢溶生卢楷、卢格、卢彬三子。肃雍堂后、荷亭书院、茂槐堂、衍庆堂（小七房）、老宅四份头一带，为卢格一房；肃雍堂以西，以拱宸巷为界，拱宸巷以北的前、后分区域，为卢彬一房；拱宸巷以南区域至街及陈宅街区域为卢楷一房，但世进士第以南至卢宅街区域为卢彬一房，其后裔卢洪珪建造了方伯第冰玉堂、五云堂。街北，雅溪中、西河环抱区域分布着多条南北向纵轴组成的严谨而封闭的住宅建筑

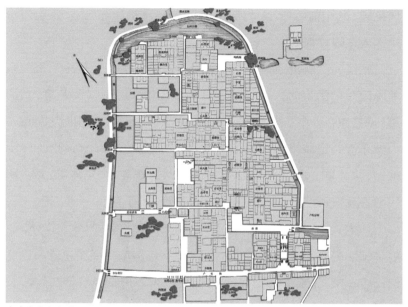

肃雍堂宗支宅图

群，肃雍堂轴线是主体建筑，前后九进，纵深320米。其东侧与之平
行的，前有前后四进的世德堂（《三峰家志·宅里图》称世经堂）轴
线、大夫第东吟堂轴线，中有大雅堂轴线前后二进，后有爱日堂三
进。西侧与之平行的，前有世进士第忠孝堂轴线、方伯第太和堂轴
线，中为前分的上中下台门、福禄寿三堂、世德堂，后有大夫第、前
后五进的五台堂轴线，以及靠北与五台堂平行的后分，即四进的龙
尾厅毓台堂轴线、三进的翰林第铧和堂轴线。南面临街的有东西荷
亭书院，柱史第茂槐堂，方伯第冰玉堂、五云堂及瑶林堂，以及还

珠祧庙。其中前后分、太和堂、瑶林堂、还珠祧庙等已毁,五台堂小厅迁入东岘峰保护。

雅溪西河以西,陈宅街区域,第三房系太和堂卢仲佃后裔与东关陈氏东门派生活在这里,历史上有东白山房、秋官大夫第、寅清第、双桂堂以及烈愍祠、推本堂、陈氏宗祠等建筑。这里毗邻城区,为城东寺庙道观集中区域,善男信女膜拜之地,因此有神农庙、土地祠、大士阁、关王阁、铜佛殿、镇圣殿、自在庵、白塔庵等,应了明代学者袁宏道"越中多淫祠"之判语,现均已不存。

卢宅大街街北、雅溪中河以东区域,除大宗祠(家庙)外,主要是第四房系卢章、九房的卢榛房派:卢榛房派生活在还珠亭以北的任店一带,今雅溪东河以西、长春巷以东、还珠亭巷以北区域。长春巷以西至四份头巷区域,历史上曾经为紫金许氏、何府何氏居住的繁华地带紫金里、何府基,后为卢章一房居住,建有树德堂、滋德堂、祠堂后善庆堂、嘉会堂、宪臣第、惇叙堂、余庆堂、长明堂、水阁厅、日休亭等。邻近中河的四份头、小七房区域,则为第三房系卢格一房居住,历史上有尔雅堂、敬义堂、余晋堂、训经堂、衍庆堂、经畲堂、萃和堂、济美堂等,现只保存着还珠亭以及四份头部分民居。1989年"7·23"洪灾后,树德堂、善庆堂、嘉会堂、惇叙堂等建筑,易地迁入肃雍堂轴线东侧集中保护。

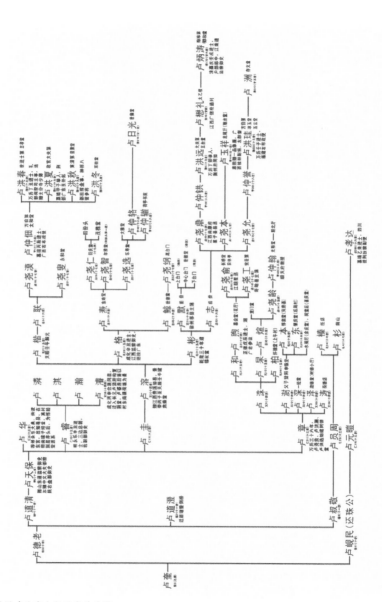

雅溪卢氏宗支与厅堂关系图

[贰]建筑个案

卢宅西起县城东桥叱驭桥,沿陈宅街、卢宅街,东至东七里,占地五百余亩,格局形成于明万历年间,时称花园府第。卢宅的建筑不受"庶民庐舍不过三间五架,不许用斗拱,饰彩绘"的约束,以三间及衍变的十三间头为基本单元,因地制宜,变化组合,讲究轴线布置,左右对称,主次分明。许多建筑毁于战乱、水火灾患,损毁于"文化大革命"时期和社会经济的迅速发展,有的面貌仅存于老人口述之中,有的仅存遗址,但是还保存着最具代表性的建筑如肃雍堂、世雍堂、树德堂、嘉会堂、世德堂、存义堂、忠孝堂、荷亭书院等,从明景泰、弘治、正德、万历,清康熙、乾隆、道光、咸丰乃至民国各个历史时期的厅堂建筑30余处,占地面积26800平方米,建筑面积16900平方米,仍可一窥卢宅乃至东阳地方建筑文化的特征。肃雍堂是主体建筑,前后九进,纵深320米,堂的东侧与之平行的前有世德堂轴线前后四进、树德堂轴线前后三进、大夫第东吟堂,中有善庆堂、惇叙堂前后两进,后有爱日堂前后三进;西侧与之平行的前有存义堂前后二进,世进士第忠孝堂及铁门里,中为前分的上台门慎修堂。南面临街有东西荷亭书院,柱史第茂槐堂,方伯第冰玉堂。

肃雍堂 卢圭一房肃雍堂宗支组群主轴线,因其核心厅堂而得名,居雅溪环抱之中,前后九进,纵深320米,厅堂楼舍115间,占地

现存的卢宅文物建筑平面图

6470平方米，建筑面积3668平方米。

十四世孙卢溶（1412—1490），字孟涵，号三峰，肃雍堂前四进的建造者。卢格为其父卢溶撰的《先君赠知县府君行状》云："……家业日裕，独病旧居湫溢而享祀乐宾或有未备，别筑室于岘溪之西，去故不百步，而近前后左右几二千楹，区书经制悉出己衷，而气象规模独出人表"，并且"又虑夫衣食不足则不暇治礼义，于是附郭买田数顷而各乡亦置庄田，以为子孙衣食之资"。肃雍堂前四进，经始于景泰丙子（1456），至天顺壬午（1462）三月初二始克落成，为卢圭派的公共厅堂。

肃雍堂组群从卢宅大街南侧五开间的大照壁开始，跨街以后，

风纪世家坊

八字墙分列两旁，石狮对峙。长120米，宽约10米的"⌐"形甬道两转三折，鹅卵石墁地，磨砖墙围护。进口段约隔10余米骑路矗立着《风纪世家》、《大方伯——祖孙父子兄弟科甲》、《旌表贞节之门》三座石坊、《大夫第》砖坊，旁侧还有《旌节》坊，高大巍峨，气宇昂然，挺拔雄浑。

大照壁，位于卢宅老街中段南侧，面宽五间，进深三间，呈"⌐"形，又称雁翅照壁，与大夫第门坊相望。照壁青石栏杆封口，栏杆望柱称将军柱，内砌一对翰林台，因清朝康熙年间广西桂林副将卢玉祥、嘉庆年间翰林院庶吉士卢炳涛而得名。照壁施重翘单昂护壁拱，额枋砖雕双狮戏球、鲤鱼跳龙门、双凤呈祥、鹤鹿同春、白鹭栖荷等图案，栩栩如生。

东西两墙分列两旁，形如八字，故名八字墙，额枋砖雕毁于"文化大革命"，施重翘单昂护壁拱。东墙1990年落架大修。

步入甬道，肃穆庄严之感油然而生。甬道进口第一座石坊风纪世家坊，四柱三间五楼，南北向，骑甬道而立。大明弘治庚申（1500）九月，浙江等处提刑按察使司副使长乐林廷选为江西监察御史卢格立。2003年重建。第二座石坊大方伯——祖孙父子兄弟科甲坊，明万历丁丑（1577），巡按浙江监察御史张文熙为通奉大夫、广西布政使司右布政使卢仲佃立。"大方伯"字匾朝南，"祖孙父子兄弟科甲"字匾朝北。祖天顺壬午科浙江解元卢楷，曾孙嘉靖丙辰科进士卢仲佃，玄孙万历丁丑科进士卢洪春，玄孙嘉靖甲子科举人卢洪夏。三门四柱五楼石坊，石雕朴实无华，唯明间立柱前后用两对石狮作夹柱石，威武雄壮。东西次间地面用脚一蹬，就会发出嗡嗡声响，相传牌坊脚下卢宅先人埋有几缸金银珠宝，然而我们在1997年重建发掘时并没有发现。第三座石坊旌表贞节之门坊，二柱单间三楼，明正德八年（1513）三月望日，江西监察御史卢格为曾祖妣寿七安人胡氏立。这是卢宅众多贞节牌坊中唯一一座骑路的，不仅文武官员要从坊下穿越，就是迎龙灯接佛祖也不避讳。《雅溪卢氏家乘》云："胡氏蚤寡，守节不二，明成化戊子有司举奏诏旌表门闾。"由于皇帝诏书"旌表门闾"，可能是一种对守寡妇女的特别礼遇，所立的牌坊也就可以骑路了。除此之外，卢宅的贞节坊没有一座是骑路的。1998年重建。第四座旌节坊，单门三楼石坊，位于大宗祠西，高台门大夫第东侧。明嘉靖辛丑（1551）十月，巡按浙江监察御史张景、金华府知府姚文焌、东阳县知县吴希孟为廪生卢鲸妻吴氏立，"旌节"原为明会稽海樵陈雀所书。1998年修复。

甬道尽端，沿着南北向纵轴，布置着前后九进院落。卢格《荷亭文集》卷三《肃雍堂记》云："前建大门三间，次建照厅七间，中建正厅三间插二间，穿堂三间，后建正堂三间插二间，正楼基而未楹，左厢楼五间，平屋十间，右厢亦如之。缭以周垣，甃以砖石。……三峰峙其南，两水环其北。前有蔬圃，后有甫田。其规制亦宏矣。"肃雍堂轴线前四进，平面布局与始建时基本相符。第五进，当时基而未楹，过了两代，卢尧选续建了第五进乐寿堂（即正楼），再过了三代，约清康熙年间增建了后四进世雍门楼、世雍堂、世雍中堂、世雍后堂，辅以两侧厢楼。从功能上看，以第四进肃雍正堂后的影壁——石库门为界，按前堂后寝的格局分为前后两大区域，前四进以肃雍堂为主体，是卢氏第三房卢圭族支祭祀、吉庆、迎宾、聚议、娱乐的场所，后五进以世雍堂为主体，除位于纵轴上的厅堂作为宗支红白吉庆公用外，两侧厢楼为家眷内宅。

　　捷报门，肃雍堂的大门，三间五架分心造，明间重檐悬山顶。清道光五年（1825）遭雷击毁后重建。额悬"捷报"、"解元"两匾。

捷报门

"衣冠奕叶范阳第,诗礼千秋涿郡宗"楹联,道出了雅溪卢氏源出河北范阳,文章报国,诗礼传家,科第绵延,门第兴旺的家世,它是由明朝著名哲学家王阳明父亲、南京吏部尚书,也是卢溶次子卢格同榜状元王华撰写的。明东前檐牛腿琴枋上雕刻着姜太公钓鱼、文王渭水访贤的故事。明间前檐枋雕刻着"一品当朝,加官进禄"的图案。边上两次间面北开门,为看护肃雍堂的仆人居住之地。

　　国光门,也称照厅、仪门,肃雍堂第二进。七开间,中央三间七架分心造,彻上露明,悬山顶,屋脊两端置龙头鱼尾吻兽。清同治年间重修了前后廊。父老相传,三品以上大员来访,打开中门,搬掉大门、照厅门槛,以示礼遇。往南看,开门见山,三座山峰刚好映入捷报门的门框中,这三座山峰形似笔架,俗称笔架山,与捷报门后檐

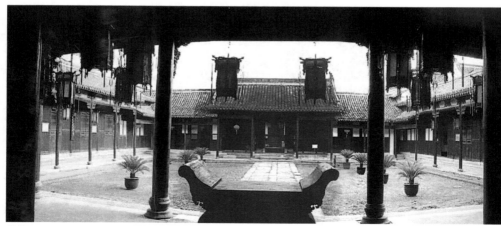

仪门

枋的"笔锭如意"雕刻相映。有诗曰,"云外插三峰,好安画石笔"。由于受当时风水术的影响,卢溶在设计建造肃雍堂时,使肃雍堂坐北朝南偏西三十五度,南峙笔架山。笔架山被视作雅溪卢氏家族的文脉,历来都非常重视保护,严禁前面有所遮挡。东梢间家神庙供奉北方之神玄武大帝。玄武,水神之名,主宰人的生死,卢氏家族希望以此消灾解厄保平安。

肃雍堂,即大厅,肃雍堂第三进,这一主体建筑是卢宅古建筑群的精华部分。

庭院天井19×22平方米,这么大的空间处理,不仅有利于采光、通风、排水,更重要的是富有的乡绅卢溶要极力表现大厅宏伟的气魄。庭院的深度与大厅正脊高度成3∶1,可以让人们在最理想的视

肃雍堂

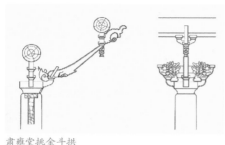

肃雍堂挑金斗拱

距视角位置上来欣赏肃雍堂的外观。这里天井地势最低，四周房子雨水都流入这里，说是"聚四方之财"，再往东排入雅溪中河，东面铜钱状的排水孔比明沟略高，使明沟留有一寸的积水，意谓财水不可流尽。

肃雍堂面阔三开间敞厅挟两个封闭式的雪轩，通面阔24.9米。敞厅彻上露明造，用材硕大，梭柱月梁，施斗拱彩画。进深十檩，由两个悬山顶组成，前半部分五架抬梁，重檐悬山，厅内仰视又呈歇山造，转角施抹角梁。大小梁梁高与梁宽5：3比例，秀丽雅致。其斗拱层，别具一格，平身科挑金斗拱由明间四攒，次间、山面各三攒的一斗六升斗拱组成，讹角坐斗上，向内出单翘单上昂，上昂特长，呈弧形上伸，用一斗三升厢拱承金桁，端头下插一雕成莲蓬头的冲天销。山面三架梁也由三根上昂支撑装饰。后半部分进深六檩，明缝四架梁带后两单步，边缝三架梁前单步带后两单步，不用山柱。按明朝洪武皇帝颁布的建筑等级制度规定，庶民百姓，只能建造三开间的住宅，不得饰斗拱彩画。这就是整个肃雍堂漆以黑色的缘由。卢溶是当时东阳很有财势的乡绅，曾两次捐资建造义乌东江桥，他为什么建造了超越庶民等级的住宅，五开间，有斗拱彩画，前厅外观悬山顶，厅内仰视歇山造，一直是个不解之谜。

　　肃雍堂大厅采用两个悬山顶相连接的勾连搭做法，此举避免了进深过长导致屋顶过高用材量大的问题，造型灵活多变，并给人以美感。但天沟落水做法在多雨的江南很容易漏水，当时工匠很聪明，在连接前后坡顶的桁木上挖槽放入U形截面的石槽，石槽间用桐油石灰黏接，上面再铺一层锡箔，成功地解决了这一难题。肃雍堂550多年来，没有出现漏水，这是一个了不起的创举。

　　肃雍堂木雕简洁明快，彩画清雅活泼。大梁梁底牡丹彩绘更是艺术珍品。枫拱雕饰成夔龙、牡丹、荷花。

　　"肃雍"匾原为会稽海樵陈崔所书，毁于"文化大革命"，现为已故书法家沙孟海重书。"肃雍"语出《诗经·周颂·清庙》"於穆清庙，肃雍显相。济济多士，秉文之德"，《肃雍堂记》释之为，"肃，肃敬也，礼之所以立也；雍，雍和也，乐之所由生也"，取"肃敬雍和"之意，以象征儒家的礼乐思想。

　　穿堂，连接第三进肃雍堂和第四进同寿堂，左右天井回廊，使第三进和第四进呈"工"字形布局。

"肃雍"匾

三间四柱七架，方格平綦，金里安装36扇五抹头方格榫心隔扇门，具有明代风格。"保合太和"，语出《易·乾·象辞》"保合太和，乃利贞"，寓意天人和谐，融凝化一于其中，保持万物的和谐协调，系由卢楷忘年之交文渊阁大学士商辂所书。

同寿堂，即肃雍后堂，肃雍堂第四进，因卢溶夫妇同庚，故名同寿堂。五间七柱七檩草架楼屋，硬山顶。清乾隆五十四年（1789）遭回禄后重建，与始建时三间插二间形制已改。明间饰天花，为挂祖像摆高茶祭祀的场所。

后影壁四柱三间三楼庑殿顶，明间石门框内安装拉门，又名石库门，将肃雍堂轴线按前堂后寝的格局分为前后两部分，前四进是

石库门

祭祀、吉庆、娱乐、聚议的场所，后五进是家眷、仆人等生活起居空间，体现了内外有别、尊卑分明的宗法观念，起到承前启后的作用。

乐寿堂，肃雍堂第五进。1462年肃雍堂落成时，卢溶已建好基础，"正楼基而未楣"，过了两代，上林苑监良牧署署丞卢尧选续建乐寿堂。五开间，五柱七檩二层楼加前后廊腰檐，翼两庑，明间开敞作通道，次梢间作居室。2004年重修时，发现西山缝仍留有始建时的明代瓜形柱础。

世雍堂组群，即肃雍堂轴线上的第六进至第九进建筑，以世雍堂为主体，由世雍门楼、世雍堂、世雍中堂、世雍后堂四进院落组成。卢溶后裔续建于清康雍年间。后四进厅堂均为三开间，小青瓦

世雍门楼

屋面，马头山墙，红白吉庆时公用。东西两侧对称布置厢楼各20间2弄，都作居室，楼层一圈走马廊，楼下青石墁地的厢廊将四进院落连成一体。

世雍门楼，肃雍堂第六进，系世雍堂的门厅建筑。2000年维修。三开间二层楼，明缝七檩前后单步用四柱，边缝分心用五柱，楼层草架梁枋。正立面重檐，平身科施一斗六升丁字科，明间四攒，次间三攒。明间前廊用磉头轩。后檐柱加挑檐。东西两侧各有三明二暗厢楼，七架五柱穿斗式结构。

世雍堂，肃雍堂第七进，为后四进厅堂的主体建筑。2000年维修。三开间，彻上露明造，用材硕大，雕饰简练，明缝九檩前后双步

世雍堂

用四柱，边缝分心用五柱，次间前后檐枋平身科施偷心造一斗六升出三跳象鼻昂丁字科三攒，明间后金柱内额施一斗六升斗拱四攒。前廊开洞门与厢廊贯通。东西厢楼各三明二暗，七架五柱，前廊有腰檐，穿斗式结构。

世雍中堂，肃雍堂第八进。明缝七架四柱，前后重檐，前廊有腰檐，后檐加挑檐，楼层草架梁枋，前廊楼上楼下皆开洞门与厢楼相通。20世纪70年代被改建，今仅存两山墙，作遗址保护。东西厢楼两明三暗一弄，形制与世雍堂厢楼相同。2001年维修。

世雍后堂，肃雍堂第九进。前廊改建于清代末年。2001年维修。三开间，明间作堂屋，次间作居室。五柱七架二层楼加前廊腰

世雍后堂

檐。庭院鹅卵石墁地，前有磨砖院墙，中辟大门与世雍中堂相通。东西厢楼三明二暗一弄，形制与世雍堂厢楼相同。

树德堂　卢章派的公共厅堂。《议建树德堂记》云，虑仁廿一公（卢章）一房，"少总厅，实为缺典"，万历三十五年（1607）十二月十二，卢章七世孙卢洪澜、卢洪选等人"议建公堂，以祀我府君（即卢章），联我子孙"，以公常金三百及所存松木，并通过贤达人士捐助的义助银、各房摊派的冠丁银筹资数千贯，委廉能之辈负责建造，五年可报成功。次年七月初一，卢尧贡在《建树德堂告祖文》中云，共建堂三所。清乾隆五十一年（1786）毁于火灾，道光廿九年（1849）重建。原位于卢宅三村，卢宅街北，面南临街，前有一字塘，由五经

树德堂

科甲、映台二道砖坊，前厅、中堂、后楼及中堂两侧各三间厢楼组成。树德前厅东侧，建有滋德堂三间。1993年，树德堂前后三进易地迁入东吟堂、世德堂轴线之间保护。

映台门坊，四柱三楼，中间辟大门，护壁拱明间四攒。五经科甲、映台两坊毁于卢三村建大会堂之际，如今将原大宗祠门迁入作树德堂门坊，正面仿牌楼结构，三柱二间五楼，边楼下无柱，坊后用歇山造门罩。

树德前厅，树德堂轴线第一进。三开间，中缝四柱九檩前后双步，边缝分心用五柱，用材本色不上漆。前檐牛腿毁于卢宅三村建大会堂之际，2001年维修复原。前后廊门额书"腾蛟"、"起凤"、"含

树德前厅

仁"、"育德"。

树德堂，树德堂轴线第二进。三开间，中缝四柱九檩前后双步，后檐柱后再加单步但无柱无桁，马头墙封护，总高10.6米。体量高大，气势恢宏，雕梁画栋的树德堂，牛腿雕的是双狮戏球，灵鹿衔芝，有两层琴枋，独秀一枝，脊桁彩画双龙戏珠、龙凤呈祥。东厢房隔扇门雕有八仙、太白醉酒、掷果潘安等故事。

树德后堂，树德堂轴线第三进。三间二层楼，五柱七檩加前廊腰檐，明间作堂屋，次间为族人议事房间，前廊洞门额书有"桂馥"、"兰芳"，希望子孙发达。楼上建有义仓，丰年积谷，青黄不接和荒年时赈济族人。

世德堂　肃雍堂派卢格为仲子卢鲸建造的宅第，位于肃雍堂轴线东侧、大雅堂南。《雅溪卢氏家乘·雅溪里图》称世德堂，《三峰家志·宅里图》称世经堂。从前往后，依次是假山、门坊、世德前厅、中堂、后堂、上厅，俗称"四厅九明堂，前面有假山"，纵深72米。前厅中堂毁于清嘉庆年间的火灾。所缺门坊迁入建于明末的原南寺街道办事处柳塘村陈姓族人所建的上台门门坊。所缺前厅迁入巍山一村惇裕堂，惇裕堂系晚清林则徐恩师奉政大夫、乾隆五十五年进士赵睿荣祖宅。所缺中堂，迁入明正德年间建筑嘉会堂，嘉会堂系树德堂派卢章曾孙、正德三年进士、湖广布政司右参议卢煦所建，原位于紫金桥北宪臣第。

柳塘上台门门坊，建于明末，六柱五间五楼，磨砖砌筑，明间中开大门，额枋上承重昂护壁拱，施枫拱，额枋正面砖雕双狮戏球，生动活泼。

惇裕堂建于清乾隆辛巳年（1761），三开间，八架前轩后双步，轩廊构船篷轩。轩廊桁木明间饰"八狮戏球"，次间饰"百鸟朝凤"，狮子成双寓意"太师少师"，"百鸟朝凤"寓意祥和安康；前檐牛腿明间饰狮子，次间饰仙鹿。整个厅堂装饰强调喜庆、吉祥的气氛。

"惇裕堂"匾额，由乾隆辛巳年翰林院庶吉士西冷周玉章书。前院两侧分别构廊庑三间，院落中设石板甬路，甬路两边铺鹅卵石。

惇裕堂

嘉会堂

　　嘉会堂，三开间，当地俗称花厅，原址前有大门。1992年迁入世德堂基础上复原。嘉会堂明缝圆作平梁压柱式梁架，四柱八架前双步后单步，后檐柱后加单步但无柱无檩，次间穿斗式，后檐砌封檐墙。梁枋饰以彩画。明间两缝三架梁、后单步梁漆朱红，五架梁、前廊挑尖梁饰彩画，后檐枋正面饰彩画。其余柱梁枋桁斗拱橼望漆黑色。五架梁彩画分为找头、箍头、枋心五段，自由活泼。后檐枋明间饰以蓝地寿字锦纹，分隔枋心，枋心分别是"加官进爵"、"指日高升"等图案。次间饰以红色乱石纹，两头如意纹蓝色退晕，左右方形池心、人物画题，当中因悬匾未饰彩画，底部红色栀花地。

　　世德后堂，三开间，左右设廊庑，斗拱飞檐，体量高大，民国初年重修。廊庑已毁。现存建筑五柱五檩，穿斗构架，早先体量较大，相传锯掉柱顶柱脚并拆掉后廊后在原来基础升高成今日形制。

世德上厅，为卢格一房世德堂派供奉本支祖先神主牌位、祭祀祖先的场所。五开间，五架。须弥座台基，十分高大。以往逢年过节，房内子孙在此祭祀祖先，平时，房内子孙远离家门或长期外出，也必先在此祭祀祖先，以求护佑。其木构部分毁于1989年"7·23"洪灾，大部分彩画也随之丧失，所存八幅十分珍贵的明代旋子彩画随上厅复原就位保存。

善庆堂　惇叙堂　为树德堂宗支厅堂，由于1989年"7·23"洪灾影响，迁入肃雍堂房大雅堂前厅、后堂址保护。

原大雅堂初建时规模较大。在中轴线上有门坊、前厅、后堂二进，两翼厢楼弄堂相连，沿袭前堂后寝格局，东侧辟有小院，书房客堂典雅幽静，花木泉石点缀其间。《三峰卢氏家志》所辑的《雅溪卢氏家乘》亡佚的赠言目录，其中有李宁俭、李言恭（1541—1599）、胡应麟（1551—1602）三人《题靖宇大雅堂》诗目录。查《雅溪卢氏家乘·世传》，卢洪诏，字思微，号靖宇，卢尧智之长孙，生明嘉靖乙巳（1545），卒万历戊午（1618），曾担任鸿胪寺序班。可见大雅堂在1599年就已存在。乾隆四十年、五十四年大雅堂两度受火灾，尽为焦土，并延及肃雍堂。现存建筑除门坊外，清嘉庆年间重建的大雅堂前厅犹存，唯用材细长，破败不堪，后进被改为现代砖木结构民房。1993年维修时，将犹存破败不堪的大雅堂前厅拆除，迁入善庆堂作前厅，迁入惇叙堂作为后进。

善庆堂，原位于大宗祠后，俗称祠堂后，原有前厅、后堂二进，建于清咸丰年间，后进毁于1989年"7·23"洪灾。前厅迁入大雅堂前厅址保护，三开间，明缝九架前后双步用四柱，梁上承隔架科斗拱，边缝分心用五柱，抬梁与穿斗混合构架。前檐牛腿饰四大金刚，琴枋饰封神演义故事，单步梁饰作祥龙喷水状，以避邪祛火。

惇叙堂，原在东驮塘南何府基旧基，由十五世孙卢本（1443—1503）建造，坐北朝南。卢本，字敦夫，以第三子贵敕赠征仕郎府军前卫经历司经历，"别业于东，筑室殆数百楹，宏深宽广，朴素浑坚，

惇叙堂

其所以贻我后人者，规模宏远矣。"从花厅后，经高门坎，就到了惇叙堂。惇叙堂原有"文林第"门楼、惇叙堂、后堂前后三进，左右厢楼，占地1700平方米，毁于1989年"7·23"洪灾，唯存主体建筑惇叙堂，迁入大雅后堂址保护。惇叙堂三开间，明缝九檩前双步后两单步用五柱，边缝用六柱。光绪末年（1908）大修，桁条更换颇多，但柱梁结构以初建构件为主。明间后金柱间、后檐柱间构屏门，内额施一斗六升隔架科，施枫拱。边缝穿枋下磨砖贴面。建筑造型古朴，装饰清雅，呈现明代建筑的简约风格。

东吟堂　肃雍堂派卢格为长子卢焘建造的宅第，位于卢宅街北高台门口，面对肃雍堂前段甬道，由大夫第门坊、前后三进厅堂组成，现仅存大夫第门坊，东西辕门、照墙、东吟堂，纵深17.55米。后二进院落屡建屡毁，以近代结构民居为多，布置杂乱，已非原制，于卢宅第二期工程维修时拆除。

大夫第门坊，康熙二年（1663）正月，钦差巡抚陕西等处地方都察院右佥都御史刘秉政为陕西庆阳府管理宁夏等处屯田水利理刑同知卢懋梗立。三开间四柱五楼，磨砖砌筑，额枋上承平身科，一斗六升单翘单下昂。大小额枋均雕饰花草动物。"文化大革命"时，屋脊、护壁拱、额枋砖雕被毁，1991年修复。

东吟堂，始建于明，清嘉庆年间毁，重建于1925年前后。东吟堂为族人吟歌诵诗之所。日伪时期，为乡公所所在地，游击队在此击

大夫第门坊

毙了两名日本鬼子。新中国成立后为供销社经营场所。三开间二层楼，七架四柱前廊有腰檐。楼下前廊构船蓬轩。柱、梁、枋、牛腿都饰以花鸟虫兽雕刻，其中明间前檐牛腿分别饰"白鹭栖荷"、"凤戏牡丹"，次间前檐牛腿分别饰"锦鸡月季"、"孔雀杜鹃"，次间轩廊额枋下雀替分别饰狗、羊、虎、牛等动物，寄寓忠、孝、节、义之意，形态逼真，造型生动，相传为时称东阳"木雕宰相"的黄紫金大师的力作。

爱日堂　紧邻世雍门楼、世雍堂东厢，与世雍门楼、世雍堂同时建于清初。原有前后三进，纵深36.25米，中厅已毁，遗址尚存；2000年修复尚存的大门凝秀、后堂三间和临雅溪中河的东厢。"爱日"一词，语出汉辞赋家杨雄《孝至》一文"孝子爱日"句。在古代，"日"

犹父也，"爱日"即奉侍孝养父母之意。

凝秀门，三开间硬山，修复前原仅有二次间楼房，垒板筑泥墙封护，中央间已作通道。2000年修复时，中央间泥墙拆除改建彻上露明造，次间不变面北开门，南面后檐墙封护，明间当中开洞门作通道，与爱日堂甬路相通；西与世雍门楼东厢房相连，东接爱日堂东厢，两翼随墙开门洞。从风格上看，显系后代重建。

爱日后堂，爱日堂轴线第三进。"爱日"残匾犹存，仅存"日"字及下款，下款"煐自龆龄随侍曾大祖父于爱日堂时，以克勤克俭、力学务本为训，粹盎冲和之气溢于眉宇。卅余年来，情事犹依依如昨，眷怀先德何日忘之。后为叔父居室，匾额无存，因仍旧书'爱日'二字以完旧观，用志孺慕之私于靡已焉。尚煐敬跋，道光三年岁在癸未复月之吉。武义愚姪虞协拜书"。四柱七架加前后廊腰檐，人字坡顶二层楼，马头山墙封护。

存义堂　东邻肃雍堂仪门，西接忠孝堂东避弄。存义堂堂主雅溪卢氏廿五世孙卢洲（1760—1807），字仲莲，号石蘂，贡生。据《存义会碑记》记载，存义堂，原名小铁门屋，系卢洲生前建造。卢洲死后四年，即嘉庆十六年（1811），妻吴氏因其子卢炳霄早夭无嗣，将存义堂、二百亩田地等大部分产业附入肃雍堂，由族中长老组成存义会管理并负责卢洲父母、卢洲夫妇及其子卢炳霄的春秋祭祀。光绪十四年戊子（1888）季春，卢槐玉重修存义堂。

存义前厅前檐墙

存义堂前后二进，坐北朝南，由前厅后堂和东厢楼组合成三合院。存义前厅，又称照厅，三间四柱七檩前后单步廊，底层开敞，月梁上置盘枋承楼栅，后廊平头轩，前檐墙建成牌楼形状，四柱三间，采用一斗六升护壁拱，砖雕花草鸟兽，十分精致。东山辟圆洞门与东厢楼相连。后堂，三间五柱七架前廊有腰檐，明间作堂屋，东西次间作大房，两山前廊开圆洞门以通左右；东大房作为卢洲父亲、嫡母及其夫妇供主之所，西大房为卢洲生母、妾章氏及其子卢炳霄供主之所，中堂屋为元宵节挂像之所。东厢楼三间一弄，晚清时期建筑，五柱五架前檐廊，背面高檐落水，与肃雍堂西厢楼相接，南观音兜山墙构砖雕门罩。当中天井西边的砖雕漏窗，工艺别致。

世进士第　位于肃雍堂轴线以西，与存义堂并列，为明万历丁丑进士、礼部祠祭司主事卢洪春的宅第。因其父卢仲佃为嘉靖丙辰

世进士第前视

进士，故有"世进士第"之名。

平面布局分前后两进院落，中间有一个过渡式庭院。前院以忠孝堂为主体，与大门、倒座、侧厢及避弄组合成一个四合院，主要用于房派内迎宾接客、婚丧吉庆、祭拜先祖的公共活动。届时，忠孝堂后檐大门关闭，内眷就由避弄出入。

大门，单开间，磨砖砌筑，与倒座后檐墙呈一字形排列，青石门框内安实拼板门，叠涩出檐。门坊后立单坡顶门罩。大门门额书"世进士第"，落款为"钦差浙江巡按御史方元彦为丁丑进士卢洪春乔梓立"。东侧现保存倒座二间。

忠孝堂，也称玉簪堂，面阔三间，山墙外两侧为避弄，彻上露明造，七架前后廊用四柱，明缝压柱式梁架，山缝分心用五柱，后檐墙封护，前檐置牛腿琴枋出檐。相传原为四叠梁结构，曾被火毁，清乾隆年间重建，遂改为抬梁穿斗式。2011年重修。

后三合院家谱宅图为冲天楼，也称冲和楼。十三间头三合院布局，正楼三开间，左右厢房各五间三暗二明，前设院墙。20世纪80年代拆除。

冰玉堂　十九世孙明万历壬子进士、福建右布政使卢洪珪的宅第，清中期被毁，后由廿六世孙卢炳勋（1774—1854）重建。当时卢衍仁、卢炳涛祖孙分别书"留有余"屏、"聿修"匾以颜其楣，已毁。现存建筑二进，前为门楼，当中为方伯第台门，左右各两间临街街面房，中为冰玉堂，三间七架前后廊用四柱，2006年重修。后为冰玉堂一房的家庙，前几年被毁。

铁门里　清嘉庆年间民居，因大门表面包镶着铁皮而得名。平面布局分内外两院，中间以一条院墙分割。内院的正楼，三明二暗五开间，五柱七檩前廊有腰檐，底层明间开敞，俗称堂屋，作本家节庆接客、祀祖敬佛的公共场所，次梢间由长辈或长子居住，左右三间厢楼，次子居住，晚建于正楼，均系穿斗式梁架结构。整组建筑人字坡顶，木基层椽子上面铺杉片席。2011年重修。

铁门里

慎修堂 始建年代不详，前后二进院落，俗称上台门。民国二十五年（1936）桂月，卢云琛将前进院落拆除新建为慎修堂。卢云琛（1901—1977），字普南，1927至1928年署理桐庐县县长，1931至1933年任定海县县长，1933至1936年，任玉环县县长，抗日战争期间任云南火柴专卖公司经理。大门额书"云庐"。三间二层楼，七架前后单步用四柱，底层开敞成厅。由于东厢南端一间宅基为他人所有，虽出重金欲购而不果，迫于无奈只好作不对称布局。木雕装饰工艺精湛，线条流畅，造型生动，颇具东阳木雕民国时代特征。新中国成立初，慎修堂曾为卢宅乡政府所在地。2011年重修。

慎修后楼，为上台门后院，呈三合院布局，原有三明二暗正楼五间，东西厢楼各两间一弄，东厢北为空地。东厢二间，系革命烈士卢

慎修堂

福星故居，曾为中共东阳县委机关所在地，现存仅三明二暗后楼五间，系清晚期草架穿斗式结构。2011年重修。

　　原来以慎修堂为进出通道，后院因卢云琛拆建后改由东厢侧门进出，遇有红白喜庆则依旧穿慎修堂而过。

　　小洋楼　卢寿祺（1889—1953），字朱绣，号晋康，1929至1930年任新昌县县长，1931至1932年任海盐县县长，1934年任建德县县长。于20世纪30年代将清乾隆年间的民居拆建成中西合璧的小洋楼。新中国成立初，小洋楼为卢宅乡政府所在地。

　　面阔二间，坐西朝东，大门朝南，北侧靠墙有一条单坡廊和楼梯间相连，内有一个鹅卵石墁地的小院，精致玲珑。穿斗式梁架结构，前檐用梅花抹角方柱，设地垄木地板防潮，门窗装修、顶棚做工精细，走廊一根滕嵌花拐子挂落，楼层席纹栏杆。该幢建筑体量较小，受占地面积限制，显得局促狭窄，但制作考究，时代气息浓厚，为卢宅当时备受关注的小洋楼。

荷亭书院　位于卢宅街北、肃雍堂轴线甬道两侧，为曾任江西监察御史、巡按广东的卢格辞官后，于明弘治戊午年（1498）始建。卢格在《荷亭辩论引》中称："戊午岁……乃于居室东偏隙地，凿池半亩，引水栽荷，筑亭三间，粗庇风雨"，荷亭之名由此而得。卢格在此钻研理学，著书立说，当时，兰溪章懋、上虞潘府、义乌王汶等一批学子经常作客卢宅，与卢格讨论理学，从而使卢格成为著名的理学家，其文集因此定名为《荷亭辩论》，收入《四库全书》。后人将这里改建为荷亭别墅，后衍变为书院。因分立在肃雍堂前段甬道东西

西荷亭书院

两侧，故分为东西荷亭书院。

西荷亭书院，前后三进，左右厢房七间。大门原有门联一副，"风纪家声""清廉余荫"。进入大门，即为中堂、后堂。中堂前有水池一方，为初创时的遗迹。三开间，五架前后单步用四柱，楼上草架并增中柱一根，下檐檐柱出斜撑承托。后堂三开间，七架前后廊。明间作堂屋，开敞，供奉孔子牌位。

后世在甬道东侧兴建的东荷亭书院，前后二进，有院墙间隔。后堂三开间，次间前檐柱间构栅门围护。后堂东侧建书斋三间。

还珠亭 位于村东头，为纪念元代卢岘民拾珠还珠而建。《东阳县志》载："还珠亭在县东四里，元季雅溪卢岘民还珠于此，后裔建亭，并以憩行人。"亭始建于乾隆十四年（1749），光绪十年（1884）仲冬卢炳奎重建，为方形七檩单檐歇山顶周围廊建筑，至今尚存。两山明间开敞，次间及南面下设槛墙，上安一马三箭槛窗，北面砖墙封护，嵌立"还珠亭碑记"和"奉宪永禁掘蕨碑"。亭柱原有仁和翰林院庶吉士，金华府学教

还珠图

授赵璟题写的板对两副：末路感深恩当年神契暗能语，遗碑传逸事此日风闻顽也廉；行道皆知有子何如无子寿，不贪为宝还珠正是得珠人。

[叁]建筑特征

卢宅建筑按轴线布置，左右对称，突出中心。单组宅院以三合院为基本单位，因地制宜，纵向或横向组合成前厅后堂，形成多进建筑组成的轴线，或多条轴线组成的封闭式院落。

卢宅古建筑面阔大多三开间，也有更多间数的，如肃雍堂、烈慈祠面阔五开间，大宗祠、肃雍堂仪门七开间，太平天国战火后重建的五台堂前堂屋九开间。东阳传统民居普通住宅开间不大，用料一般不大，只有祠宇厅堂开间较大，用材硕大，一般厅堂明缝常用四柱，山缝用五柱，进深九檩。

木构架有抬梁式、穿斗式和穿斗抬梁混合式等多种形式，一般为明缝抬梁式、边缝穿斗式。同一建筑中，视其房屋进深、面阔、用材大小等实际情况，不同形式的构架组合运

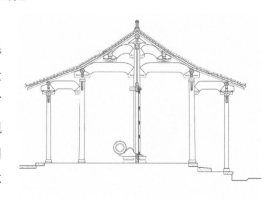

仪门梁架剖视

用，并根据柱、梁、斗拱之间的连接方式不同，每缝梁架又可细分为穿斗式、插柱抬梁式、压柱抬梁式、穿斗抬梁混合式、勾连搭式、披屋构架等多种形式。

彻上露明造的祠宇、厅堂，为取得最大空间计，明缝采用抬梁。抬梁的连接形式分为抬梁置于斗拱之上式、插柱式和压柱式，其中以插柱式最常见。插柱式梁架将梁插入柱身，可分为两种情况，一种是梁两端插柱入柱身，下方各垫一个梁垫（俗称梁下巴）或丁头拱辅助承托，如肃雍堂、世雍堂、树德堂五架月梁插入前后柱中；另一种是梁的一头插入柱身，而另一头搭于柱头或柱头科斗拱（一般是坐斗）之上，梁一般采用劄牵、乳栿做法，如明代肃雍堂仪门明次缝梁架，清代边缝劄牵东阳往往做成倒挂龙状雕花梁。也有使用压柱式梁架，直梁（即大梁、小梁）直接扣压在柱顶，如卢宅嘉会堂、世

世雍堂梁架

惇叙堂梁架

忠孝堂梁架

德上厅、忠孝堂明缝梁架等。惇叙堂明缝梁架,则为北方常见的抬梁置于斗拱之上。

穿斗式常见于普通民居住宅,祠堂、厅堂等的边缝及厢房。这种梁架的特点是每根柱都落地,直接承担桁条上屋面的重量。也有减去金柱,在穿枋上置童柱承金桁的。此类构架由于落地柱多,穿枋不直接承重,所以对柱用材要求不高,不必要使用大材粗料,是一种较为经济实惠的木构架。

混合式构架,指在同一缝梁架中,同时采用插柱式抬梁和穿斗式两种构架形式。一般在彻上露明造建筑的边缝梁架,下面用穿枋连系,上部用插柱月梁,梁上隔架科斗拱,进深方向置插柱式倒挂龙单步雕花梁。在楼层建筑中,也有楼下厅用插柱月梁,楼上用压柱式抬梁或穿斗式的。

肃雍堂为了解决进深过长、栋柱过高、柱料难找的问题,采用勾连搭构架。

东阳画溪、黄田畈一带,祠宇厅堂边缝,出现砖仿木结构梁柱,

肃雍堂梁架剖视

边缝柱、梁、枋全部用细磨砖和砖雕仿砌，桁条搁入山墙中。

披屋构架，多用于屋后或山墙外侧，利用正屋边上空余用地，搭建披屋。披屋一般为单层单披，其使用功能一般是厨房、厕所、畜舍，或是用于堆放柴火、农具等杂物的柴房、库房等，属于附属用房。一般搭建三架或五架的单坡顶建筑，如东荷亭书院小书房后披屋、为解决防火弄问题而被拆的原肃雍堂后四进西厢披屋等。

构架类型随建筑的规模、建筑的形式不同有所区别。一般普通民居为五檩、六檩、七檩，分有腰檐和无腰檐两种，前廊用牛腿撑拱出檐。祠宇厅堂则多用九檩，有无腰檐的彻上露明造的敞厅和有腰檐的楼下厅、正屋等多种形式。

三销、墙牵是东阳乃至婺州民居建筑体系特有的构件。为增强构架的整体稳定性，柱、梁、枋之间除榫卯结合外，普遍使用雨伞销、柱中销、羊角销，作为结合处的加固构件，墙、柱之间用墙牵连接。

画溪、黄田畈民居砖仿木梁架

卢宅古建筑各具特色，或宏敞肃穆如肃雍堂，或高大巍峨如树德堂，或小巧精制如东吟堂。砖墙墙面以白灰粉刷，覆以两坡青瓦，粉墙青瓦，明朗而雅素，马头墙作阶梯状，微微上翘，极富韵律。屋顶就有多种悬山和硬山仪式，以硬山为例，即有普通硬山、观音兜和马头墙等不同式样，既代表了不同的等级，也增加了建筑形式的变化。

卢宅的厅堂府第院落重重，规模宏大，建筑用材粗壮，雕饰华丽，融东阳木雕、石雕、砖雕及彩绘艺术于一体，尤以木雕艺术最为精湛，梁枋、斗拱、雀替、门窗格扇，美轮美奂。在表现方法上，或简练粗放、浑厚拙朴，或细腻精致、玲珑剔透。精镂细刻着的内容丰富的艺术形象，通过空间形态、视觉效果而产生美感。建筑中的木雕把日常生活中所见的鱼虫花草、飞禽走兽等，用寓意、谐音、比兴、象征等艺术手法寄情于物，托物言志，表达了对美好生活的向往。那些出自于巧匠之手的人物、山水、花鸟、鱼虫、走兽构成了一个象征主义的世界，淋漓尽致地体现了家庭世俗生活的乐趣和幸福。走进深深的院落，仿佛进入了艺术的大观园。

卢宅营造技艺

东阳传统建筑杰出代表卢宅，是东阳能工巧匠智慧和技艺的结晶，工匠在长期营造过程中积累的木作、泥水作、石作、雕花作、油漆作的营建技术与经验，展示了东阳传统建筑营造技艺的精髓，独具特色的木结构榫卯制作的套照付照技艺与非等高柱础的柱脚截余的退磉技艺，丰富了中国传统木结构营造技艺内容。

卢宅营造技艺

[壹]匠作分工

　　工匠在古代中国"士农工商"四个阶层位居社会底层。明代沿袭了元代实行的匠户制度，把手工业劳动者编入匠户以匠籍充当营建徭役。嘉靖间，匠役制开始实施以钱粮代役，称为"匠班银"，每人每年纳"匠班银"四钱五分，但匠籍不变。明成化十八年（1482），东阳匠户有294户，占登记在籍人口户数的1.13%；清康熙十年（1671），匠户有240户，655口，占0.9%。明代多数工匠在官营的手工作坊服役，此外就是生活在民间的石匠、木匠、篾匠、制鞋匠、剃头匠、箍桶匠、泥水匠等个体工匠。工匠受雇期间，一般在主人家吃饭，按日计入，给付佣值。清顺治三年（1646），废除匠籍制，改为雇佣制，工匠获得了人身自由，自谋职业，允许民间手工业在较大的范围内自主经营。随着商品经济的发展，匠户对于封建国家的人身依附关系日趋松弛，而且由于人口的增加，生存环境的恶化，东阳居民的价值观及意识逐渐发生变化。一方面，靠天吃饭的农耕生活不能保障温饱；另一方面，从事家庭手工业尚能获取一些温饱。《康熙新修东阳县志》云："四民之中，什九为农，其余但处一焉。亦有兼而业之者，取足一岁或半岁、数月之粮而后办他事。否则朝夕勤动，犹不自给……"这种反差强烈地冲击着东阳居民的心理和行为，从而导致农本意识的淡化和以工求生意识的强化。在东阳，旧时男人一般有两条出路，进则读好书，步入仕途，退则学手艺，养家糊口。提亲时，媒婆代女方也要先问一句，小伙子有没有手艺？手艺被东阳寻常人家视为吃饭本钱，没手艺的男人会被乡人讥笑为"田乌龟"。这种意识的社会化，自然改变了"不轻去其乡"、"不习工商"、"不事文饰"的东阳居民的价值观和审美情趣，从而促使手工业渐渐从家庭副业中分离出来，逐步形成以建筑业为主体，包含木匠、泥匠、石匠、木雕、竹编、堆塑等行业的百工队伍。

民国初期，工头、师傅、普工组建"老师帮"，班首称包头，多系手艺高强、精通业务的师傅，包头以下便是师傅，师傅以下依次是半作、学徒和蛮工，或承揽工程，或开设作坊。老师帮，按不同的技术等级，有不同的称谓：如①包头（伯），指包工头。包工头一般都是技艺精湛、又善于人际交往、有一定的组织管理能力者。包头负责承揽建筑工程项目，组建老师帮；②把作师傅，指技术高超的工匠，在工程中负责技术把关。相当于现在技术负责人或总工程师；③师傅，指能独立操作的出师者；④半作，经3年学徒期满，但未出师者。半作工钱以一半计，另一半给师傅；⑤徒弟，3年学徒期未满者，由师傅管饭不计工钱，师傅只给少许零用钱；⑥蛮工，无技艺的杂工。20世纪

20年代，石宅人许文喜在上海开设耶森记作坊（俗称"斧头班"），红极一时。民国17年（1928），夏楼人楼发桂在杭州开设楼发记营造厂，最兴旺时泥木工匠近千人，营造级为甲等，承建蚕桑学校、杭高科学馆、省民众教育馆等，颇负盛名。同年，浙江大学农学院调查，东阳外出谋生的各类工匠82473人，其中以房屋建筑和路、桥工匠居多。同年7月29日，县政府批准建县泥水业职业工会，执行浙江省政府颁发的《管理营造业规则》，实现甲、乙、丙、丁4级登记管理。民国27年，从事工业、建筑业34134人，占劳动适龄人口的12.83%。1949年11月20日，成立东阳建筑工会。谋生于杭州、金华等地的建筑工人，成为组建浙江第一、第三建筑公司的主力。1952年，境内建筑工匠20209人，其中木匠4418人，泥水匠2772人，石匠271人。

在本地从业的同时，许多头脑灵活的工匠从"不轻去其乡"到离乡背井，走南闯北，满足生计，出现了亦农亦工的以泥水、木匠、雕花匠为主体的"东阳帮"。一般是农忙时节种田务农，农闲时外出做工。本地人俗称"出门佬"，外地人称"东阳佬"。他们的足迹遍及大江南北，特别是省内"上八府"的金、严、衢、处，"下三府"杭、嘉、湖及相邻的皖、赣、闽地区。东阳木雕技艺大量应用于府第厅堂民居建筑，极具地方特色，丰富了建筑文化艺术宝库。他们将东阳民居的建筑风格和技艺融入当地的文化习俗，为东阳民居系列的空间拓展和形制建构的灵活性作出诸多贡献，并涌现出如郭凤熙、陈声远、楼发桂、杜云松、黄紫金、刘明火、叶振海、卢保火、金水锦、杜承训等名艺人和名工匠。

旧时东阳有钱人购地建房的乡风，促进了当地建筑营造业的不断发展。豪门富商常常长期雇佣一些远近闻名的工匠在家，让他们终年为自己建造住宅。官府对仕宦、庶民第宅等级制度的规定，使得他们不能在建筑开间、进深等规模上求发展。但是，财力的支撑促使他们另辟天地，在室内外装饰上花功夫，以满足其追求荣华富贵生活的要求，这为东阳木雕提供了绝好的舞台，也有效地推进了"工"和"艺"的结合，加速了东阳木雕由"匠作"到"工艺"的转变，从而给后世留下大量以东阳木雕装饰艺术为特色、综合运用石雕、砖雕、泥塑、彩画等装饰艺术的东阳民居。卢宅明清古建筑群正是东阳民居的杰出代表。

东阳对建房竖屋，称"行大事业"，营造流程一般为看风水选址定向、画样算料、备料选料、二木[1]制作、破土造基、安磉定位、串栲上梁、砌墙盖瓦、小木装修、雕花装饰、砌地排水、油饰彩绘。

与建房有关的工匠，通常分为木匠、雕花匠、泥水匠、石匠、篾匠、夯土墙工、漆匠等。

木匠：在东阳传统木作中，木作可分为大木作、二木作、小木作。大木作通常指上山伐木取料、破料解板作业；二木作，也称中木

---

[1]　"二木"中的"二"，东阳方言读ní，下同。

作，营造过程中离不开中线，通常指传统建筑柱、梁、桁、枋、穿、斗拱等结构性木构件的营造安装；小木作，通常指传统建筑门窗、隔断、楼板、天花及家具等的制作安装。与之相对应，木匠分为大木匠、二木匠、小木匠。在传统建筑营造中，木构架决定了房屋的形式、尺寸，并影响其他工艺的施工，其木结构建筑特点决定了二木匠在房屋建造中的主要地位。二木匠以线为准，柱、梁、枋、桁、穿、椽、斗拱等二木构件事先弹墨画线，然后按墨线现场操作。因木料粗重，故一般在三脚马上加工，使用锯、斧、刨、凿、曲尺、墨斗等工具，并自制丈杆、照板、照篾等辅助工具，负责结构性木作工程。一般雕花较少的建筑，通常也由小木匠兼作雕花工作。虽然二木匠、小木匠的基本功相同，但两者之间也有区别，即二木匠能操作小木匠的活计，而小木匠不会画屋样、套照付照、退磉等技术性较高的工作，不能兼做二木匠。

泥水匠：负责建筑的定点放样、平基、定磉、墙体的砌筑粉饰、屋面铺瓦竖脊，以及室内外地面挖沟排水、石构件的砌筑安装等。

石匠：负责石柱、柱础、阶沿石、须弥座、石门框、石窗、旗杆石及石牌坊等石料的加工制作安装。

雕花匠：在二木、小木加工后的梁、枋、桁、斗拱、牛腿、轩廊、门窗及家具等构件粗坯上，从事雕刻深化工作。

篾匠：负责编制编竹夹泥墙的竹骨架，以及屋顶瓦下的杉片席等。

漆匠：油漆是房屋建造的最后一道流程，主要负责木构件的油饰断白、彩画及家具油漆。

建造过程中，各工种有各自不同的分工，营造时互相配合，同心协力。传统工匠在长期营造活动中形成了一定的组织模式。大的工程由技艺精湛、又善于人际交往、有一定的组织管理能力的包头组织本村或邻近村的各工种师傅、半作、学徒、蛮工十几人一伙，甚至五六十人一伙承揽工程项目。小的工程，通常东家浼请把作木匠师傅、泥水、石匠师傅，自己招蛮工，师傅之间互相配合协调工作。木工则由把作师傅找自己的徒弟和熟悉的木匠组成施工团队，把作师傅画屋样，与东家协商确定房屋的规模、尺寸，负责木构架主要构件的画墨弹线、制作，统筹安排进度。

[贰]建筑材料

东阳植被属亚热带常绿阔叶林带，物种繁多。清道光《东阳县志》载，木之属37种，竹之属20种。境内盛产马尾松、杉、樟、竹，是建筑主要用材，常见树种有松、杉、梓、樟、栗、栎、槌、楝、枫、椿、柏、槐、榆、榉、楮、檫、拓、桑、杨柳、桐、柏、桂、檀、桧、朴、银杏、黄杨、冬青、木荷、枣、柚、坚漆及毛竹等。

工匠建造房屋就地取材，因材施用，物尽其能，材尽其用。清《东阳康熙志》云："为巨室，则以樟椎为良材，松甚多，枫甚巨，以易蛀不贵……然榧生于山中，又为平原所少，寻常取用，大抵杉栗为多。""檿，大者，宫室之材。"与东阳邻近的嵊县，民国《嵊县志》有云"梓，材中栋梁"。东阳民居通常选用檿木、栗木、梓木、椿木、杉木、檫木、榉木用作柱材，有些厅堂、祠堂，易木以石，防止白蚁危害和风雨侵蚀。樟木、枫木、苦槠适于雕刻又能承重，常用作梁材。杉木、松木多用于桁、栅，楼板多取松木，楣、楸、板壁、门窗、椽望等多取杉木，木荷、坚漆等硬杂木适于做柱中销、羊角销、雨伞销等。牛腿、隔扇等雕刻构件普遍选用樟木、梓木。贫民住宅限于财力，对材质不太讲究，以常见的松木、杉木、檫木为主。

除了木材，境内山多、溪流多，各色石材及鹅卵石、沙石料等资源充足。建筑石料开采主要以侏罗系的火成岩为主，火成岩分侵入岩（含脉岩）、喷出岩两大类，喷出岩几乎覆盖东阳全境。喷出岩以酸性、中酸性熔岩、熔凝灰岩及凝灰岩最为发育。石材有青石、麻石，麻石有砂石、红石、黄石、灰石、灰褐石等。历史上卢宅肃雍堂的青石选用色泽淡雅、纹理清晰、易于雕刻的邻近义乌苏溪青石。适合夯筑泥版墙和烧制砖瓦的红土壤分布广，为建筑用材自给提供了保障，在村落附近的低矮山丘就近建砖窑生产砖瓦材料。砖瓦业旧时一直为农村副业，烧制的砖瓦多为供应本地建筑之需。《民国东阳县志初稿》载，截至民国21年，全县砖瓦厂百数十所。油桐、漆树是生产桐油、清漆的主要原料。当地桐油和漆资源丰富，民国32

年年产桐油125吨，35年年产桐油100吨。邻近金华、诸暨盛产的石灰，为东阳泥水广泛采用。

旧时建房竖屋，大户人家都要提早3至5年提前备料，等柱梁枋桁椽材料、砂石砖瓦等工料大都备齐，才浼请老师帮，择吉动土开工。

过去东阳少舟楫之利，交通不便，货物运输多肩挑车推马驮。东阳县城陆路有以县城为中心通往外地的八条交通线，其中正西路与正南路两条为驿道。水路北江通船可至歌山，向外直通苏杭等地。卢宅位于东阳县治东郊，紧邻县城，北枕东阳江，建筑用材采购运输较为方便。木材可雇人进大盘山伐木，待雨季河水涨时，编成"树排"运出山，也可从兰溪、金华、义乌佛堂等地逆行运货至麻车埠、河头渡口。卢宅附近的山地溪滩较多，可从附近的山地及北江边的溪滩就近取材，如木材、砂石、毛竹等。

[叁]木作营造技艺

东阳木作分大木、二木、小木。大木作通常指的是从山上砍树伐木取料、解板作业；屋架构件制作安装作业为二木作，也叫中木作，构件制作、立架上梁离不开中（线），也就是大家通常所指的大木作，承担柱、梁、枋、桁、穿、椽、斗拱等结构构件的制作和木构架的组立、安装作业，这里按东阳地方叫法称二木作；小木作指的门窗装修、家具制作安装。

一、木作常用工具

测量画线工具：曲尺、三角尺、斜尺、门光尺、六尺杆、丈杆、墨斗、墨签（即竹划笔）、划线规等。东阳鲁班尺1尺折合公制27.778厘米，即1米=3.6尺。

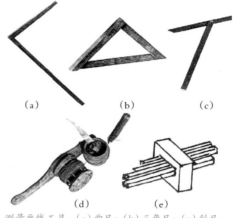

测量画线工具：(a)曲尺；(b)三角尺；(c)斜尺；(d)墨斗和竹划笔；(e)划线规

解斫工具：斧、锯。锯有断锯、框锯、槽锯、解板锯等。

平木工具：推刨、刮刨、线刨、绺刨、生档刨、高低刨、采方刨、抽筋刨、扁方、圆刨、翘头刨等。推刨分长刨、短刨。

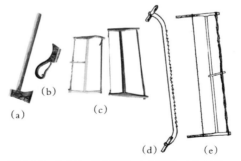

解斫工具：(a)斧；(b)槽锯；(c)框锯；(d)断锯；(e)解板锯

凿削工具：平凿、圆凿。

钻孔工具：牵钻。

磨砺工具：锉刀，分平锉、三角锉、木锉；砂纸；磨石等。

套照付照工具：包括弦线、照板、照篾（后两者临时制备）。

组装校准工具：葫芦（早先用盘车）、吊葫芦的撑杆、千斤顶、线

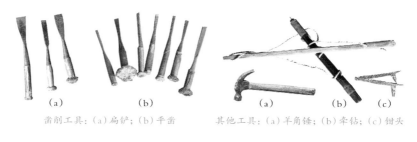

凿削工具：(a) 扁铲；(b) 平凿　　其他工具：(a) 羊角锤；(b) 牵钻；(c) 钳头

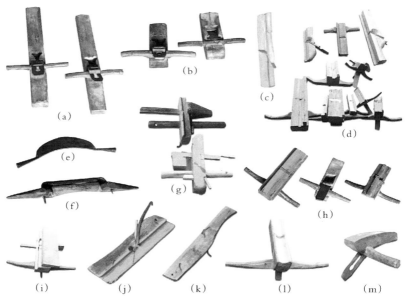

平木工具：(a) 长刨；(b) 短刨；(c) 黄刨；(d) 线刨；(e) 刮刀；(f) 刮刨；(g) 槽刨（绤刨）；(h) 生档刨；(i) 高低刨；(j) 抽筋刨；(k) 扁方；(l) 圆刨；(m) 翘头刨

垂、梯子、木榔头、撬棒、杠棒、绳索等。

其他工具：临时制作高65至75厘米、长250至350厘米、宽25至40厘米，用于刨削、画线、安装等作业的长方形工作台，俗称作凳，

三脚马　　　　　　　　　作凳

用于固定木料进行推刨的辅助工具钳头，钉在工作台上前端；用于锯割、凿眼、装配等作业的四尺凳；用于支料的木架子三脚马，俗称作马，两根粗圆木在2/5处各锯一半交叉拼拢，中间凿孔穿入一根粗木棍作支撑，因三脚落地，故称"三脚马"；油甌；千斤拔；羊角锤；老虎钳等。

二、二木作营造技艺

东阳的大木作如前文所述，指上山伐木取料和解板作业。东阳传统破料解板作业有三种做法，王仲奋《东方住宅明珠——浙江东阳民居》已作介绍，具体见下图。

二木作，指二木匠从事的柱、梁、枋、桁、穿等木构件的营造安装作业。工序可分为：画屋样，备料，起工作马，丈杆制备，取料，加工柱子，柱编号标记，梁、穿、串栅、桁等构件粗加工定型，套照付照，梁、

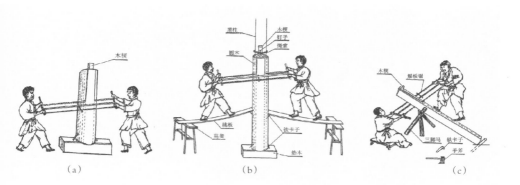

东阳解板匠破料解板示意：（a）破六尺以下板料；（b）破六尺至八尺板料；（c）破八尺以上长料

穿、串栅、桁等构件制作榫头，编号标写构件名称，斗拱、牛腿、椽望等其他构件加工制作，画基础十字准线，退磉，搭脚手架，组立安装（柱就位、按先下后上顺序装配梁、穿枋、串栅、斗拱、牛腿等构件，最后安装桁条），二木构架校准，铺椽望钉连檐封檐板、搁栅安装。墙身屋面工程完工后，方可撤去斜撑。其主要工艺流程如下：

（一）画样算料

选好地基，先由主人和二木匠根据财力协商建筑的规模、布局、形式，再请二木匠起屋样，主要有侧样图（横剖面图）和地盘图（平面图）。一般多由主人决定建筑的平面形式，如开间、进深，楼梯、灶间位置等，二木匠决定木构架的具体形式，如柱数、桁数、步架、水顺等。二木匠根据屋样算料，算出所需的柱、梁、枋、桁、穿、椽等二木料作，由东家采购。

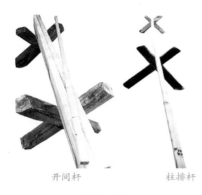

开间杆　　　　　　柱排杆

(二) 起工作马

起工前制备工作架，一是三脚马，俗称作马，一组两马，用于支架套照、截锯、斧劈作业，以及柱、梁、枋、桁、穿等二木构件制作；一是作凳，用于刨削、画线、安装作业。

(三) 丈杆制备

丈杆是二木营造时专门制作的一种必不可少的传统工具，用于二木制作和安装，既有施工图作用，又有度量功能。每次二木营造时根据侧样（图纸）或经验，现场临时制作，将建筑物的开间、进深、柱高、步架、出檐尺寸、斗拱、构件节点的榫卯位置，刻画在丈杆上，然后凭丈杆刻画的尺寸去付墨画线，进行二木制作。二木安装时，也要用丈杆来校核二木构件安装的位置是否准确。

丈杆分开间杆、进深杆、柱排杆三种。

(四) 二木画墨

二木制作第一道工序就是二木画墨，也是关键所在。二木画墨，犹如裁缝画线裁衣，由技术精湛的把作师傅承担。画线根据丈杆的标注，在粗加工好的料作上，将构件尺寸、中线、榫卯位置和大小等，弹墨画线显示，然后按线操作。

（五）二木编号

传统建筑木构架是由许多构件组成的，每个构件都有它的具体位置。二木采用先预制构件、后立架安装的作业方式。不同位置和方向的柱、梁、枋、桁、穿等二木构件，通过榫卯联结。为了防止构件混淆、遗漏或重复制作，同时为了便于安装时对号入位，因此，需对所有构件进行分组编号，加以标记。

以东阳民居"十三间头"为例，以房屋正面为南，站在房子正中，左手为东，右手为西。以左手靠中央间的第一榀木架为"东乙（本应写做'一'，为便于辨认写做'乙'），第二榀木架为"东二（或东式、东贰）"，右手靠中央间的第一榀木架为"西乙"，第二榀木架为"西二（或西式、西贰）"，以此类推。柱编号按"有中朝中、栋字向前"原则编号，一般在与梁、枋、穿相交节点附近标写，通常是：柱所在的榀号＋柱名称，如东乙前小步、东乙栋柱、西贰前大步等。梁、枋、穿、串栅等构件名称，与套照付照所使用的照签名称相对应，在套照付照、构件加工结束后，一般在构

东阳李宅集庆堂五进第五进西厢前金枋编号

卢宅厅堂柱编号

件顺身上方的两端靠近榫头处按所对应的位置标写名称,但月梁编号常标记在两端留底处,通常是:榫头对应的所在柱名称+所在构件名称,字头朝向榫头,如东乙前大步小抬梁、西乙后大步堂楸、东贰前小步楣梁等。桁条在顺身上方一端,且都在同一朝向,标写所在桁条名称。斗拱按桁条的位置标编号。

（六）二木构件的制作

二木构件分柱、梁、额枋、桁、穿枋、斗拱及椽望屋面木基层几大类,因额枋与穿枋均为枋形,并为一类,下面分别介绍其制作工艺及流程。

（A）柱构件制作

柱子制作要领:根在下,梢在上,柱身一般都有收分。

1. 直圆柱做法

（1）取料,由于柱础高低不等,按柱排杆在柱子"地"线下适当留余15至16厘米截料。

（2）柱径较小的民居,因材而宜,利用柱料自身天然收分圆度,砍劈去木节,刮去树皮,刨光找圆。柱身弯曲度偏差很大时,迎头按圆外切线找圆法放线,砍去偏差较大部分,修正找圆。

（3）用材较大的民居,采用圆外切线法找圆。以迎头十字中线相交点作为圆心,柱根柱头按屋样（图纸）要求的柱径大小画圆。柱头一般按柱高的1%收分。再画出圆外切线,切线每段距离视柱用材大小为3至5厘米，顺柱身弹出直线，砍劈找圆；

步骤一，画圆外切线先砍出一面，见图（a）；

步骤二，按柱径大小，按顺序依次画其他的圆外切线，每段距离约3至5厘米。在砍好一面后，隔3至5厘米再弹下一顺身直线，接着续砍续弹，一直砍劈柱料成正N边形圆柱体，见图（b）、（c）；

步骤三，用短刨将柱身刨圆，见图（d）；

另外一种与北方做法类似，圆柱依据迎头十字中线放出八卦线，顺柱身弹出直线，依照此线砍成八方，再弹十六瓣线，砍成十六方，再找圆。

（4）按迎头十字中线弹画柱身中线（分别为开间、进深方向中线），在内侧编号标记名称。

（5）按照柱排杆，画出柱的"地"线（即柱脚基准线）、榫卯及雨伞销、柱中销位置，用事先预制的与榫头等宽的薄木板，画出榫

柱加工制作

眼大小，再敲凿挖榫眼，见图（e）。雨伞销槽、柱中销孔，则按约定俗成的大小开凿。

（6）在套照付照后，柱顶锯出榫头，或柱顶用刮刨卷杀。

（7）退磉截去柱脚余料。

2. 梭柱做法

梭柱柱顶卷杀，中部略鼓，似梭形。

梭柱在接近一人高处做肚（即柱身最大处），再向两端按柱高的10‰缓缓收杀，上段收杀较缓，下段收杀较峻。小步柱、大步柱分别约在柱身1.2、1.5米处，栋柱则在柱身1.5至2米高处做肚。其他画十字中线、开榫卯、卷杀、编号、套照付照、退磉做法与直圆柱相同。

3. 方柱做法

柱身四面去荒加工成方状净光，其他做法与直圆柱相同。

（B）梁构件制作

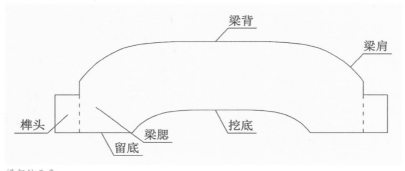

梁部位示意

梁类构件制作要领：以栋柱为基准，所有梁的根部均朝向此柱。材料优劣、大小粗细的搭配，也依此柱由中而外、由前而后安排。

1. 插柱式圆作月梁做法

（1）按梁的长、高、弓背、胖势要求适当留荒取料。

（2）按木料选出梁底面，迎面画出梁中线，根据梁垫厚度或丁头拱中的小斗深的尺寸，垂直于梁中线划梁底线，形成十字线，劈出梁底。梁中线从梁底往上8至15厘米（视梁大小而定）高度，平行画出梁挖底高度线，梁底与挖底高度线之间外沿画斜线，顺梁身弹出梁身直线，两侧砍劈出梁腮下部斜面。

（3）挖底至梁背，肥梁按加工柱的程序放线，在两侧梁身所弹顺身直线，梁中往上提2厘米处，与两端迎面再弹顺身斜线，而后砍劈成圆柱形梁身粗坯；琴面月梁两侧砍劈成矩形梁身粗坯。

（4）付照开榫。付照将从柱的卯眼尺度套样来的照篾返样到

双步梁粗坯

五架月梁粗坯

山缝双步月梁付照

榫头加工

留底挖底

梁两端，画出断肩线（即照口墨）、柱中销位置，随后在两端梁底留底处，标注梁位置名称：榫头对应的所在柱名称＋梁名称，与柱卯口对应的照篾名称相同；再开榫断肩，凿出柱中销眼，截料。一般先从料作根部付照，然后按进深杆在另一端付照，因梁粗坯圆形，先付榫头宽度、肩膀，断肩后再付高度、深度、柱中销，再截料。

（5）留底挖底。从梁两端断肩线的下照口起，向内留底，长度即不含榫头长度的梁垫或丁头拱尺寸，向内挖底，留底与挖底相交处，用弧形样板画出弧线，呈四分之一椭圆，做出梁底粗坯，加工成似一弯新月。这一步梁粗加工时，往往与第二、三步一起先初步挖底，砍劈出梁粗坯，待付照开榫再细工留底挖底。

（6）梁腮加工。两端自断肩线向内，砍杀加工梁腮。

（7）卷杀起拱。两端自断肩线的上照口向梁背卷杀起拱，两肩卷杀，向梁背微拱，利用原木自然弯曲，弓背朝上，使梁背呈似一弯新月。

若梁上置隔架科斗拱（无柁墩）时，梁背砍平，宽度为坐斗底深的尺寸，梁两肩仍卷杀。

（8）两侧修胖势。梁背向梁底两侧修成弧面，曲度收分不一，有的曲度很小成琴面，有的曲度较大成肥梁。

（9）梁身挖底、卷杀、起拱、胖势、梁腮修整刨光，使梁的底、背、侧呈匀和的曲线。

（10）依迎头中线顺身弹出梁背梁底上下面中线，梁背画出步架中线。

（11）梁背上画出瓜柱或墩斗木梢的榫眼线，凿出榫眼。

（12）雕花，两端梁腮雕刻龙须纹。

2. 压柱式的五架直梁做法

（1）去荒砍削或锯解成矩形木料。

卷杀起拱

（2）依迎头十字中线顺身弹出梁背、底面中线，画出步架中线，根据丈杆画出梁两端柱中线。若有侧脚，则两端向内退侧脚尺寸。梁底画出柱头的榫头卯口线。

（3）按五架月梁胖势做法，梁两侧修成琴面。

（4）梁背上画出瓜柱或墩斗木梢的榫眼线。

（5）梁背凿瓜柱榫眼、墩斗木梢榫眼，梁底两端凿出馒头榫眼。

（6）梁底两端标注位置名称。

（C）枋构件制作

枋类构件制作要领：额枋以东一梢为基准，穿枋以栋柱为基准，所有枋的根部均朝此向。材料优劣、大小粗细的搭配，也依此柱由中而外、由前而后安排。若有拼合，依下方木料为准，遵循上述原则处理。三块以上木料拼合时，边缘两块木料应根梢方向一致。其工艺流程如下：

（1）取料粗加工。根据排出的丈杆，适当留荒截料，依枋厚、枋宽的尺寸找方，弹线去荒刨光。现直接将木料在锯板时按枋截面尺寸锯板取料，若一块原料高度不够时，则可将两块或多块料作，用暗带穿销或银锭榫方式拼接，再刨光。在枋料两端弹出迎头中线，顺身弹出枋身上下面中线。

（2）付照。根据进深杆或开间杆，弹出步架中线或开间中线

（与柱的柱中线呼应），按从柱身中的卯口尺寸形状套照来的照簾，再返样付照到对应的枋上，画出榫头形状、榫肩线（照口墨）、雨伞销或柱中销、羊角销位置。与柱径小的柱相交的平板枋，还需柱子断面样板画榫头肩膀弧形线。

付照

（3）开榫、断肩，凿出雨伞销或柱中销、羊角销销眼，截料。肩膀厚度一般左右每侧5分，两肩合1寸。承橼枋正面按橼花画线，常开凿做成元宝榫，承接燕尾榫的下檐橼木。

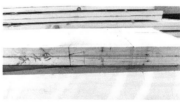

付照后的穿枋榫头及雨伞销画墨

（4）在枋身上面两端标注位置名称：榫头对应的所在柱名称＋所在构件名称，与柱卯口对应的照簾名称相同。

（5）清代额枋做成月梁状，则需依照梁制作工艺，枋底留底挖底，正面外侧两肩卷杀梁背起拱，做成

开榫

匀和弧形琴面,再两端梁腮雕花龙须纹,枋心雕刻人物花草图案。

(D)桁构件制作

檩条,俗称桁条,为橼瓦重量的承载者,再通过柱子将承载力传导于大地。桁类构件制作要领:以东一榀为基准,所有桁的根部均朝向此榀。材料优劣、大小粗细的搭配也依此柱,由中而外、由前而后安排。

东阳民居桁条有圆桁和方桁两种做法,脊桁(俗称栋桁)均为圆桁。其工艺流程如下:

(1)取料,根据排出的丈杆,适当留荒截料。

(2)圆桁两端在迎头中线下方,用角尺画线,宽8厘米,弹线去荒砍平,做出桁底。

(3)圆桁在迎头中线上方外侧,按水顺坡度砍出斜面。以九架屋为例,通常上金桁按五分顺的水顺,在中线上方外侧画出水顺直角三角形。上金桁以下的中金桁、下金桁、檐桁、挑檐桁等,则按四

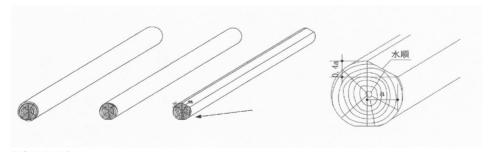

桁条做法示意

分顺的水顺画出水顺直角三角形，三角形的斜边就是桁条的水顺坡度，再弹顺身直线砍出水顺斜面。脊桁则在中线上方左右1厘米，画出2厘米宽的平线，弹顺身直线找平，再左右两侧通常按六分半的水顺画出水顺直角三角形，弹出顺身直线两面砍出水顺斜面。

（4）圆桁按木料自身的圆度砍刮找圆，或按柱圆外切线法加工找圆。

（5）方桁则按枋的程序弹墨、去荒、找方、刨光。在桁条迎头中线上方外侧，按水顺画出直角三角形，弹出顺身直线，由里向外砍出水顺斜面。

（6）在木构架组立串槫前，依迎头中线顺身弹出桁身上下面中线，根据开间杆画出开间中线、榫卯线；轩廊一般需在金桁、檐桁、轩桁按椽花画出安放轩椽的方形卯口线。

若设侧脚，一般明间桁条的尺寸要比开间尺寸短2倍侧脚尺寸，即短2倍套照时照板所移的尺寸。若大步柱侧脚7厘米，明间大步桁

粗加工的圆桁

粗加工的脊桁

粗加工的方桁

比开间尺寸要短14厘米，上金桁、栋桁同样短14厘米；小步柱侧脚5厘米，小步桁、梓桁比开间尺寸要短10厘米，过步桁取中短12厘米，次间桁条长度因靠升按次间开间尺寸不变。

截料开榫头凿卯口，一般明次间桁条用燕尾榫结合。次间桁条出梢，开卯口安在边缝梁架上，长度除边间面宽外还要加出梢长度。桁下若有替木或桁肩，底面需凿胆眼。轩廊所在的金桁、轩桁、檐桁凿出安放轩椽的方形卯口。

（7）在桁身上方标记位置名称。

（8）雕花，在桁底雕刻花鸟虫兽等图案。

（E）屋面木基层

桁条榫头画墨

椽类构件是屋面木作的主要组成部分，主要作用是支撑屋顶盖材料。椽根据其位置不同，可分为脑椽、花架椽、檐椽、飞椽等，其附属构件则有连檐、封檐板、博风板、扶脊木、椽花、勒望等。椽上铺望板、望砖或杉片席（东阳俗称箃），上面再铺瓦。条件次之者，直接在椽上铺瓦。

　　椽类构件制作要领：脑椽、花架椽梢在上，根在下。檐椽则相反，一般根在上，梢在下。椽的形式一般都为圆椽、方椽和弯椽。卢宅方椽极为少见，主要是飞椽、轩椽两种。弯椽为轩椽。

　　（F）斗拱制作要领与安装

　　斗拱制作要领：根在下，梢在上；根部朝向东一榀栋柱。

　　（1）根据斗拱各分件尺寸，加工成套或单件的规格料作。

　　（2）在加工好的规格料作上画出墨线，锯凿出斗拱各分件部位的榫眼、暗销眼、卷瓣。

　　（3）锯解斗拱各个分件。

　　（4）倒挂龙的单步梁、琴枋付照。若设侧脚，琴枋则需省去檐

坐斗放线

柱侧脚尺寸,才能保持檐椽平出与设计要求(一般为2尺)不变。

(5)开榫。倒挂龙的单步梁、插翼、横向拱燕尾榫,琴枋直榫并凿柱中销眼,其他构件如雀替、替木、梁垫、丁头拱等直榫。

(6)试组装检查榫卯严丝合缝。

(7)各分件按要求雕花。

斗拱安装:

(1)平身科:在平板枋或额枋上排好攒挡,画出每攒斗拱的十字中线,栽好暗销,先安装大斗,再依序向上逐层安装各斗拱分件。

(2)牛腿撑拱:檐柱外侧依序向上逐层安装牛腿底垫、牛腿、皿板、琴枋,用柱中销固定牛腿底垫、琴枋,在牛腿底垫或牛腿底下置入楔榫紧活。再在琴枋上栽好厢拱(或花篮拱)暗销,安装厢拱坐斗,然后依序向上逐层安装厢拱分件、纵向雕花艺术构件等。

(3)隔架科:在梁背按步架,栽好暗销,先安装柁墩、大斗,再依序向上逐层安装斗拱分件及劄牵、雕花梁、山雾云等构件。

(七)二木组立

二木构件组立安装,俗称串榀,由把作师傅负责,组织协调木匠、泥水匠、小工联合进行,互相配合,各司其职。泥水负责构件的运送、吊装、校准、固定,木匠负责构件的组装、连接、定位。工序:搭脚手架;吊立柱提升至柱础上就位;装配下层纵向横向水平构件;安装斗拱及上层构件;穿插安装雨伞销、柱中销、羊角销;用撑杆吊装桁条；二木构架校正；铺椽望；最后安装搁栅。

1. 柱础就位

按施工图纸要求，将不同的柱础分配就位。

2. 退磉

因民居柱础高低不等，柱脚需进行退磉。详见后文。

3. 搭脚手架

串槴宜搭架进行，通常为弄堂架。架子每层高度各低于上下梁枋一肩，使构架连接部位在木匠平视线内，操作省力又准确。

4. 构架组立串槴

（1）装配程序

二木安装一般按"有山靠山，没山靠中；对号入座，先下后上，顺序安装；垂线拨正，支撑牢固"程序进行，以尽量增加构架结构稳定为原则。

组装木构架如果有相邻的屋架或山墙，就从这里开始组装，俗称"有山靠山"。如果"没山靠中"，厅堂正屋一般习惯从明间四根金柱之间构架开始组装，从明间再次间构架，从当中的内四界构架，再前后廊构架。对号入座，按木构件上标写的位置号就位安装。按先下后上顺序，要求先从下层的纵向、横向连系构件开始安装。下架装齐后，再安装上层的纵向、横向构件，中间穿插安装柱中销、雨伞销、羊角销。桁条吊装放在后面，一般先安装明间桁条，再安装次间桁

树德堂二木构架组立

条,最后安装明间脊桁(俗称栋桁、栋梁),俗称"上梁"。

组装要领:按编号的柱子名称,将柱子搬运到相应的柱础边,斜靠在脚手架上,然后将梁、穿构件也搬运至相应的位置,即可开始二木构件的组立装配。起吊用材特别粗大的柱、梁、桁、枋,用摆杆葫芦吊装至相应的位置。方法是在梁架旁立一摆杆(俗称独立金鸡),四边各有绳索系住,可自由活动。摆杆顶装滑轮,置绳索,一头绑住构件,一头多人拉绳索,吊装物件。改变吊装物件方向,原理与杠杆同,既能吊装更重的物件,也更省力气。

组立时,将柱提到柱础上,稳住前后相邻的两柱,将梁、穿枋的榫头插入柱身相应的卯口,用木榔头将榫卯敲紧夯实,然后用柱中销从柱身事先留好的孔洞打进去。如果双步梁或穿枋穿过前檐柱,则在露出的事先凿好的榫头孔，用羊角销销住，这样就将柱梁枋固定了。

穿枋、串栅与柱身安装，以及前后双步月梁与山柱安装时，则需用到辅助构件——雨伞销，雨伞销起到将柱身前后或左右相接的穿枋和串栅构件拉紧锁牢的作用。柱、穿枋、串栅、月梁制作时事先凿出雨伞梢槽，安装时需提前将雨伞梢放置在柱身的雨伞梢槽，底面开槽，雨伞销销头小头朝上，从下面嵌入槽内；上方开槽，因此雨伞销销头小头朝下，从上面敲入槽内。待柱身对应的两边构件榫头插进卯口后，再将雨伞销捶入底面或上面事先留好的槽内。这样两端构件就连成整体了。

穿枋或边间的串栅，用大进小出榫穿过柱身，柱外用羊角销销牢。有的串栅与串栅、梁峰与梁峰、穿枋与穿枋之间，除用雨伞销连接外，还常用羊角销从下往上将左右构件锁住。

每一个构件的装配，都要有下面几个工序：第一步，将柱提升到柱础上；第二步，雨伞销就位；第三步，将梁、枋、串栅等构件提升就位；第四步，将梁、枋、串栅等构件两端榫头，分别插入柱身卯口；第五步，将柱身与梁、枋、串栅等构件之间的榫卯，用木榔头敲紧；第六步，柱中销、羊角销入销，雨伞销敲入穿枋、串栅的雨伞销槽内。若明间两缝用抬梁，则省去第二步，其他步骤一样。

下层的纵向、横向水平构件装齐后，组装误差的累积效应开始显现，需随时进行简单纠偏。如柱脚移位，用木榔头敲打或其他手段让柱脚复位。由于加工精度问题，结点处相邻的榫头相关卯口对接微偏，需用凿子现场进行修整。

纠偏结束后，进行上层纵向构件的吊装。安装上层穿枋或额枋、桁肩时，构件一端水平插入柱身，另一端从上往下与另一落地柱（或不落地的童柱）柱头榫接，则需木榔头敲击该柱柱脚，以柱梁枋穿相交的节点作为支点，利用杠杆原理，使该柱柱头略向外倾斜，拉开一定距离，从而将上层枋木榫头紧实敲入该柱柱头卯口，然后再利用杠杆原理将柱脚敲回原位，或用绳索绑住相邻两柱上方，绞紧绳索将外倾的柱复位。

小式穿斗式普通住宅，还有一种较为简便的扬榀上梁立架组装方法。不搭脚手架，现场将柱、穿等构件合榫拼装，置入雨伞销，穿入羊角销，组装成一榀梁架。四榀梁架组装好后，再在柱子顶部下落1至2尺处绑置拉榀长索和扶持竹竿（俗称龙须竹）。计每个柱扶柱2人、拉索4人（一柱两索，一拉一守）、扶竹竿4人（与拉索同）、指挥1人。指挥下令扬榀，绳索竹竿起拉，一榀屋架徐徐竖立，左右两边扶持稳定。扶柱人肩扛抬杆，将屋架全榀抬上石础，泥水2人攀扶到屋架顶，绑好支撑杆，打牢桩，拆下绳索竹竿，再竖第二榀屋架。按"有山靠山，无山靠边"的原则，无山时一般先竖东边榀梁架，再从东往西依次竖立其他三榀梁架，每竖好两榀，按顺序安装额枋、串栅、桁肩及雨伞销、柱中销联结定位，把木构架连成整体，最后吊装桁条上栋梁。直至全部木构架定位后，泥水校正柱中线，使之与磉盘中线垂直，牮正屋架，固定撑木。

（2）二木构架校正

二木构架如上所述在安装过程中，随时进行纠偏校正。桁条安装结束后，进行整体木构架校正，分悬垂线、拨正、支撑三道工序，具体做法是将线垂一端用铁钉钉上每根柱顶中线及梁、枋、穿枋、串栅底部的顺身中线，悬线垂使垂线与柱身四分中线重合才算校准。采用千斤顶支顶、绳索套在柱顶拉、绳索连在柱间绞、木榔头敲等办法校正构架。校正复位后，在柱与底层纵向横向水平构件之间，用木杆作斜撑临时钉死。厅堂侧脚较大时，以山柱向屋内的内侧中线、其他柱的升线作为准线，垂线与中线、升线重合，整体框架就校正好了。

楼层建筑在铺好橡望甚至屋面盖好瓦后，再安装搁栅。

三、二木特艺

自然材的柱料多有弯曲，大小粗细曲直不一，东阳工匠就地取材，物尽其用，在二木作营造过程中东阳工匠创新采用套照付照技艺，按柱子曲直调节梁、额枋、穿枋、串栅长度，实现插柱式、穿斗式梁架中相交构件之间榫卯交合严丝合缝、牢固美观，同时解决柱子侧脚问题。民居中经常出现柱础高低不一的情况，往往檐廊出面的石础比室内的石础高，则采用退礅技艺截料非等高柱础的柱脚，保证二木构架水平。

（一）升

为了使建筑有较好的稳定性，柱侧脚向中心倾斜。侧脚，北方称升、掰升，约为柱高的10/1000或7/1000。马炳坚《中国古建筑木作营造技术》中介绍了北方的"升"，一般只有外圈柱子侧脚，里面的金柱、中柱没有侧脚。具体做法是檐柱以升线为卯口中线开凿柱顶枋子卯眼，并以升线垂直于地面截料柱脚，通过讨退方法，制作枋子榫实现柱的侧脚。

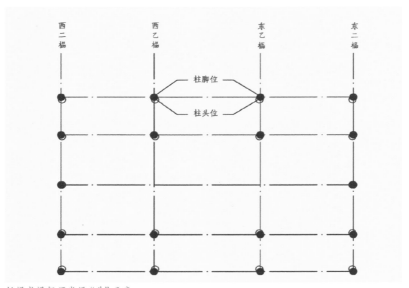

抬梁式梁架厅堂设"升"示意

　　东阳也称升为生脚、生道。东阳侧脚与北方不同，北方一般只有外圈柱有侧脚，而东阳抬梁式构架厅堂，所有柱向房屋"中"倾斜，这里的"中"指的是房屋栋柱（中柱）轴线与明间中轴线相交处。而穿斗式构架民居，如现存卢宅古建筑群中的住宅，一般进深方向朝栋柱倾斜。一般小步柱（檐柱）侧脚约为柱高的10/1000，大步柱（金柱）侧脚约为柱高的15/1000。以三间九檩彻上露明造的抬梁式构架厅堂为例，明缝抬梁用四柱，次缝穿斗分心用五柱，所有柱都向房屋中心倾斜。一般来说，明缝小步柱向中心倾斜接近鲁班尺1.5寸，约4厘米，大步柱向中心倾斜鲁班尺2.5寸，约7厘米。次缝

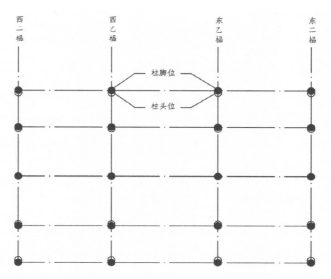

穿斗式梁架厅堂设"升"示意

小步柱、大步柱，随明缝同样角度平行向中心倾斜，俗称靠升，而栋柱（山柱）则向中也侧脚7厘米。因此，屋顶的步架略有收缩，山柱前后双步各偷去7厘米，前后廊各偷去4厘米；由于小步柱向内倾斜4厘米，牛腿撑拱上的琴枋也随之偷去4厘米，才能保证与图纸的平出不变。同样地，明间桁条比开间尺寸短侧脚尺寸的2倍，小步桁（檐桁）比开间尺寸短8厘米，大步桁（中金桁）比开间尺寸短14厘米，相应地梓桁（挑檐桁）像小步桁一样短8厘米，过步桁（下金桁）取中短11厘米，上金桁、栋桁（脊桁）短14厘米。次间因靠升，桁条长度与开间尺寸相同不变。这样木构架俯视，类似翻过来的稻桶，因此，此侧脚俗称翻稻桶升。

东阳工匠在二木构架制作时，柱子以柱十字中线为卯口中线开凿卯眼，因此设"升"时，在二木套照付照的操作过程中，通过向外（即侧脚倾斜相反方向）水平移动柱顶的照板，调节柱身两侧的梁、额枋、穿枋、串栅等相交构件的长短尺寸，实现柱的侧脚，同时与柱身交合严实。照板向外移动的尺寸就是侧脚尺寸。最后按套照出来的升线垂直于地面，退碌截余柱脚。

（二）套照付照

套照付照，实质上是以简便的方法，将柱身上的卯眼情况套样，然后付样制作榫头。柱子卯眼深浅由木匠按经验开凿，对应的榫头长短尺度没有规律可寻。套照付照时，引入套照线作为参照线，通常左右各离柱中一鲁班尺。套照线为使用照板时，对齐绑好的弦线。照板的十字中线与柱的迎头十字中线重合。套照线与柱中线距离相等，卯眼相对套照线的位置，通过调节照箴，在照箴上做记号，得出对应的榫头以及榫肩的实际尺寸。套照就是将柱子的卯眼高度、宽度、深度尺寸式样，及柱中销、羊角销、雨伞销三销情况做记号标记套样到照箴上。付照时，在照箴对应的梁、额枋、穿枋、串栅构件上，按开间杆或进深杆排出柱中线，向内一尺画出套照线，这时套照线变成付照线，以付照线为参照，把照箴上的记号返样，画出榫头尺度、榫头肩膀和三销位置，再按样制作榫头和三销卯眼。通过引入套照线和付照线，外移柱顶照板，卯口的尺度及榫头的肩膀线借助参照线求出，按柱子曲直来制作榫头肩膀，调节梁、额枋、穿枋、串栅长短，实现柱子侧脚，是套照付照的优点。

（A）套照付照工具

套照付照所用工具，有照板、照箴、弦线、三脚马、墨斗、墨签（即竹划笔）。照板、照箴是套照付照专用的临时性重要工具，每次二木营造时现场临时制作。

1. 照板

硬木板两块，长短视柱径而定，通常略长于鲁班尺2尺。若柱径粗大超过2尺，照板也可略长于3尺。宽度通常宽3至5寸，厚6至8分。

2. 照箴

照篾

照篾，用刨削过的竹签制作，长2至3尺，宽4至5分。每一个卯眼，就有一根照篾。

3. 弦线

一卷，稍长于4倍栋柱高度。

4. 墨斗、墨签、三脚马

（B）操作步骤

套照付照分套照和付照两大步骤。

1. 套照要领

（1）将凿好卯眼的柱子两端架在三脚马上固定，使柱中线与地面垂直，而柱标记文字斜朝上。

（2）安装照板，用弦线嵌入照板两端的缝内，并抻紧夹牢柱子两端的照板。调整校正照板，使照板的中线与柱迎头十字中线重合。

若柱设侧脚，则向外侧（即柱身标记文字的另一侧）水平移动柱顶照板，校正照板，使照板"升"处所画的线（或开的缝）与柱顶十字中线重合。这一步不能错。因为柱脚柱中位置不会变，侧脚后的柱向中心倾斜。若移动柱脚照板，则柱脚柱中位置变动了，开间进深尺寸也随之变动，柱顶照板向里侧移动，则柱向外倾，变成"稻桶升"，木构架就易坍塌。

（3）标写照篾名称，一般为卯口所在柱名称＋付照所在构件名称。

(4)将照篾抵住柱子卯口，套样柱子卯口尺度，在标写该卯口位置名称的照篾上画线。套照口诀"天青地白，笃天勿笃地，交正勿交背"。以照篾的青面代表天，以白面代表地，肩膀线对应柱卯口上口（柱顶方向）为天，对应卯口下口（柱脚方向）为地，即"天青地白"。但量卯口深度时，照篾

无"升"时的套照准备状态

小步柱设"升"时的套照准备状态

由下向上顶住卯内上口，不可由上往下顶住卯内下口，即"笃天勿笃地"。"笃"为东阳方言，抵住的意思。因凿榫眼的规矩是上口留墨线，下口不留墨线。柱子平放，套照时肩膀线以朝人的卯眼口沿一侧为正，朝地的卯眼口沿一侧为背，因此正向在肩膀尺寸线"‖"上方画一横线"十"为正，背向不画线，即"交正不交背"，"交"即画交叉线。

套照操作状态

画线时一般先画青面，再画白面；先画好肩膀线，再画卯口的深度、宽度、高度及截料线，穿插画柱中销、雨伞销、羊角销。

假如柱身标记文字朝右上方位置，工匠站在柱的左侧，以柱顶为天，以柱脚为地，套照好这侧的卯口，则按前所述第（4）套照柱右侧卯口。待套照完所有榫眼后，将柱子翻转90度，柱身标记文字朝左上方，按上述第（2）至（4）方法，套照此方向所有榫眼。

（5）若柱设侧脚，需弹升线。套样结束后，连接柱顶中线与柱脚照板里侧的侧脚线弹线，所弹出的线即为升线。这里的里侧指柱身标记文字一侧。实际操作中，以柱子中线为卯口中线凿榫眼，为不造成混淆，常在退磉结束时，刨去柱中线，再弹升线。

2. 付照要领

（1）粗加工好的梁枋穿料作留余，选好料作根部，一般开间方向构件以东乙榀为基准，进深方向构件以栋柱为基准，所有料作根部均朝向此向。放在三脚马上，先取料作根部通角截料，以这条边线为步架中线（开间中线）。

（2）从步架中线（开间中线）往内退一尺处，四面画出套照线，以套照线为参照基准付照，这时套照线变成了付照线。

（3）用照篾开始画线。一般先画构件的顶面，再画底面，然后画侧面，见第78页的山缝双步月梁付照图、第81页的穿枋付照图。

先付榫头宽度线。在构件的顶面、端部、底面画好榫头宽度线。因为一栋房屋一般采用直榫，榫头宽度相同，这一步不用照篾付照，直接在构件上用与榫头等宽的长方形模板画宽度线。

付肩膀线（即照口墨），约定俗成在榫头外两侧各5分（通常为1.5厘米）作为榫头肩膀。先在构件的顶面画肩膀宽度线，照篾青面朝上，贴着构件顶面，肩膀线与套照线重合，画出榫头肩膀里口、外口线，与肩膀宽线、榫头宽线相交，在两个交叉点连线，即为榫肩上口。然后同样地在构件底面返样照篾白面的肩膀线，画出榫肩下口。

在构件的顶面或底面付深度线。

付雨伞销、羊角销。按位置不同，在构件的顶面或底面画出雨伞销样。

在构件两侧侧面付高度、深度（即榫头的长度）线、柱中销。连线榫肩上口、下口，画出断肩线。照篾深度线对齐付照线，画出头榫、半榫、大进小出榫或格肩榫深度线及柱中销的水平位置，接着照篾尾部垂直构件顶部沿口，从上到下画出头榫、半榫、大进小出榫或格肩榫高度线、柱中销垂直位置，至此，榫头的形状就出来了。

在构件顺身上方编号标记名称。

根据进深杆、开间杆画出构件另一端的步架中线、开间中线。按同样方法给构件的另一端返样画线，并在构件顺身上方编号标记。

付完后，按画好的线对构件两端加工制作榫头，凿三销卯眼，做出榫肩，使榫卯与柱身交合严实。

上述介绍的套照付照为退中照，肩膀线（照口墨）付照口诀"正付正，背付背"。还有一种交中照，即从柱中往柱子两面付照，使用羊角销锁住上下暗榫的串栅、梁峰、穿枋多用此法。在套出肩膀线后，往外须套"十"字柱中线符号，照篾头部至"十"字柱中线通常距离1尺。付照时先付"十"字柱中线，再付其他，付照顺序要领与退中照一致，但肩膀线（照口墨）付照口诀"正付背，背付正"。

（三）退碛

房屋营造时，原先以柱排杆"地"线为准线制作的木构架水平，但因就地取材，石础高低不等，因此，不能按从柱排杆上的"地"线排到柱子上的"地"线来截料，非等高柱础的柱脚需退碛截余，确保整个木构架水平。退碛时，需引入基准水平面，四周打桩，布立柱中网格水平弦线。从水平弦线到每个柱础上皮，套照出每个柱础的高度，画在照篾上做记号，再将照篾记号付样倒回每个柱脚截料。若

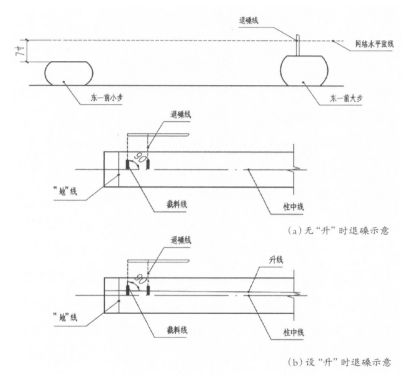

（a）无"升"时退磉示意

（b）设"升"时退磉示意

东一前大步退磉示意

柱有侧脚，则按套照付照中所弹的升线为准线退磉。退磉实际上就是柱脚的套照付照。

（A）退磉工具

工具有墨斗、墨签、弦线、木桩、照篾（或多边形短木杆）。照篾是退磉专用的临时性工具，比套照付照的照篾略短，长一尺有余，每次二木营造时现场临时制作。

（B）操作步骤

1. 引入基准水平面。以基准平面线为参照线，作为退磉线，选定某一柱础上皮标高作为"地"线标高，向上量高5至7寸为弦线标高，四周打桩布立柱中网格水平弦线。

2. 套照。从水平弦线到每个柱础顶套出高度，画在照篾上。照篾头部标记每根柱的名称，垂直顶在柱础上皮，与水平弦线相交处在照篾上画线做记号，即为退磉线。

3. 付照。将"套"出来的照篾记号返样到每根柱脚。通常已加工开凿好卯眼的柱子在柱脚的"地"线下常留余10至15厘米不等。付照时，柱脚从"地"线向柱顶方向量5至7寸画出虚拟的基准水平面标高，在柱子中线上画线，作为参照线，即退磉线，再将照篾的退磉线与参照线对齐，将照篾头部画线到柱子中线上，用曲尺垂直于柱子中线，画柱身圆线即为柱脚截料线。若柱设侧脚，刨光柱中线，重新弹升线，在升线画退磉线，按前述的步骤付照，用曲尺垂直于升线画出柱脚截料线。同时升线作为日后二木构架校正时的准线。

4. 按柱脚截料线，进行截料。

（四）屋面水顺及升起

（A）水顺

传统建筑从屋脊到檐口的屋面坡度，不是一条斜的直线，而是通过梁架层叠加高的方法，使屋顶的坡度越往上越陡，从而呈现凹曲面，有利于屋面排水和檐下采光，增加外表轮廓上的美感。这种处理屋顶曲面曲度的办法，在清工部《工程做法》中称为举架，在宋《营造法式》中名为举折，在记述江南建筑做法的《营造法源》中谓之提栈。东阳俗称水顺，也称挠水。举架就是木构架相邻两桁中的垂直距离，除以对应步架长度所得的系数。东阳处理水顺的方法有两种，举折与提栈方法兼而用之。根据东家要求而定：一种先确定栋柱高度，就能确定脊桁高度，与宋《营造法式》举折处理方法相同，从脊桁中向下逐桁递减，一般府第厅堂采用这种方法处理水顺，但极少使用；另一种确定檐口高度，就确定了檐柱、檐桁高度，与清工部《工程做法》、苏南《营造法源》举架、提栈处理方法类同，从檐桁往上向脊桁方向逐桁递增，十三间头、正屋加勾厢、口字形四合院或者工字形平面等屋顶坡面围合、檐口同高类型的房屋，都采用此方法处理水顺。

北方官式建筑中，檐步步架都是五举，其余各步架之间的举高，取决于房屋的大小和桁数的多少。苏州一带南方民间建筑，檐步提栈一般三算半（即0.35）。东阳帮工匠对挠水的设置有一口诀："四五六好眠熟（睡觉）。"东阳水顺通常由檐步、金步至脊步，各步举高分别按四分、五分、六分安排。由于用材规格不等，满足结构需求等原因，一般前后坡大步桁与脊桁的步距相等，而前后廊的步

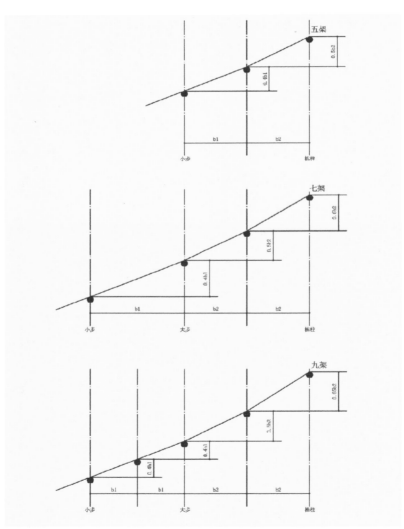

东阳水顺示意

距不等。前后坡举折，一般金步、脊步因步距、举高相等而水顺相同，檐步则因步距不等而造成水顺不同，前坡一般四分顺，后坡三分半水顺。

因为各种类型建筑的差异，普通民宅、厅堂府第和亭阁的举架不完全一致，东阳做水顺的法则是：五架住宅取四分、五分；七架住宅多取四分、五分、六分；宗祠、厅堂、府第、豪宅等九架建筑常取四分（或四分半）、五分半、六分半至七分；亭阁类常取五分、六分半、七分半甚至九分。

屋面水顺，通过在桁条制作过程中，砍劈出桁条上方迎头中线外侧的斜面来实现，详见桁条构件制作方法。

（B）升起

东阳屋架大多呈平直状态，屋脊两端常用板瓦堆砌出向上起翘的造型，呈一缓和曲线。少数屋面也有屋脊升起现象。其办法有二：一种是采用升柱法，通过山柱升高来实现屋脊升起，山柱比明间略高7厘米（合2.5寸），使屋脊成一曲线，如李宅重建集庆堂第一进。也有如温州文成县谢林大宅院和兰溪诸葛积庆堂等建筑，次缝、边缝柱升高，使次缝、边缝梁架桁条升高。另一种是沿用宋代建筑做法，在脊桁的两端设生头木，如卢宅肃雍堂，在脊桁两端加一块生头木，使脊桁呈一条两端高、中间低的折线，然后通过调脊铺瓦，使屋脊形成一条柔和的曲线。

四、小木营造技艺

小木作是指传统建筑中非承重木构件的制作和安装,主要是门窗、隔断、楼梯、楼板、槛框、栏杆、挂落、天花、藻井等内外装修。小木作也叫细木作,对建筑的局部结构起一定的连接作用,对建筑物外观及建筑各部分进行美化修饰,或者根据一定的功能要求,对建筑空间进行分割。因此,小木装修,东阳俗称构结。

(一)门

古称双扇为门,单扇为户,后世统称为门。门是空间分界的出入口,是居住建筑中不可或缺的组成部分。门常被视为门面、门脸,是建筑物的脸面,说明门在人们心中的重要位置。

按功能要求和构造特点,门可分为实拼门、棋盘门、屏门、板门、隔扇门、栅栏门六大类。住宅入口的大门尺度最大,宜选用封闭性强的实拼门、棋盘门;厅堂高大,宜选用屏门;内部房屋的居室门尺度较小,宜选用板门和轻巧、通透的隔扇门,方便生活。

实拼门

实拼门 门扇用同一厚度木

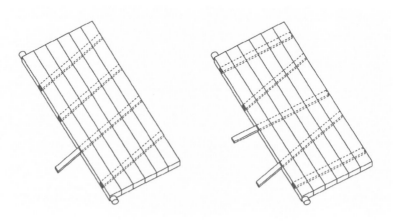

实拼门构造示意

板并列拼装成实心木门。门厚即木板厚，在80至100毫米之间。厚木板竖排，一般板中横穿3至5根暗穿带，两端夹楔。门扇正面置扣门用的铁质衔环的铺首，门环下设置金属垫。有的实拼门，门扇外皮用白铁门包镶，再用门钉和小铜钉钉出梅花等图案，既可加固门扇，又有装饰美感。门扇内侧的大边较心部略长，用作转轴，下面落在门枕石或门臼石上，上面卡在中槛内侧的连楹或楹斗上。门扇背后有横闩或竖闩，以便从院内关闭门户，保障安全。

旧时还有一种临街店铺的实拼门，俗称排门，宽约一尺，厚40至50毫米，上下砍削，置于上下槛槽内，可活动装卸。店铺开张时将门板卸下，室内变成开敞空间，既能招揽生意，又能够增加店铺内光线；当店铺打烊时，再将板门装回去。

棋盘门 宅子出入口的大门，安装棋盘门，如肃雍堂捷报门、仪门明间脊里安装的棋盘门，世雍堂门楼前金里安装的棋盘门，往往由中槛、下槛、抱框、门扇、门框、门簪、连楹、门枕石、腰枋等构件组成。柱间安放两门枕石，门枕石与柱础之间置下槛石，门枕石之间安装可活动装卸的木门槛。门枕石上立门框。门枕石里侧凿出海窝，以承门扇转轴；外侧有的伸出下槛，做成圆形石鼓。中槛后安装连楹，连楹做出椀口，纳门扇转轴。考究做法，中槛上通常用四根门簪，门口较窄时用两根，后尾穿透中槛与连楹，将连楹与中槛锁合在一起。槛框之间一般镶木板，脊枋与中槛之间，用间框分隔，所镶的木板称为走马板；门框两侧与抱框之间用腰枋分隔，所镶的木板称

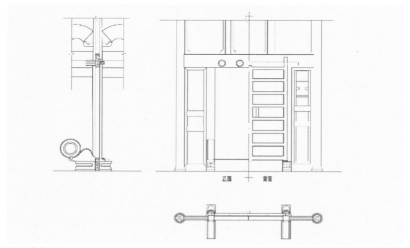

正面　背面

仪门棋盘门

为余塞板。

屏门 分单镜面屏门、双镜面屏门。

单镜面屏门常用于厅堂，置于后廊，起到屏风作用，简称屏门。屏门有二扇、四扇、六扇。平时明间、次间屏门关闭，人由明间屏门后左右廊道绕入，遇大事或贵客莅临才开启中门。

也有少数屏门置于前廊，如倒座——存义前厅，从遗留的门槛石看，像倒过来的善庆堂屏门，因前檐墙封护，次间前檐里屏门则如堂屋的屏壁，明间如照壁一样，为保持宅内私密性，平时关闭，从左右两廊出入。

极少数脊里安装，如肃雍堂仪门分心造，次间四扇屏门，平时开

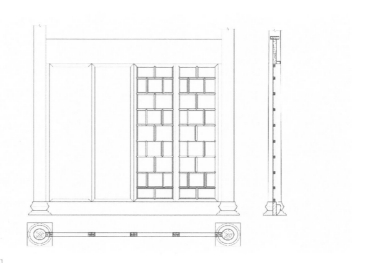

肃雍堂屏门

双镜面门构造示意

启，遇大事或贵客莅临才开启明间大门。

还有一种特例，如世雍后堂、存义后堂、铁门里正屋等建筑内，明间堂屋四扇屏门作为屏壁置于后檐里。

双镜面屏门一般叫镜面门。肃雍堂穿堂与肃雍后堂相接处，随梁枋下安装六扇镜面门，世雍堂门楼明次间后檐里各安装六扇镜面门，做法与屏门一样，只是门扇双面安装薄木板，双面门板与边框平齐，内用暗带贯穿双面门心板，边梃、抹头用大格角肩双榫双卯结合，里面暗穿带用单榫单卯与边梃结合。

板门　使用于居室，做法与屏门大同小异。一般都由上槛、下槛、抱框、门扇、楹斗、荷叶墩（门墩）、转轴、腰枋、横披等构件组成，只是尺度较小，用料较小，常用作居室房门。居室板门一般檐里、金里安装，常与隔扇窗一起装修，门扇门板背后用四根或五根穿带，边梃穿带用单榫单卯结合。有的门外，如凝透门加装双扇半人高的矮门扇，平时打开板门采光通风，关着矮门以分隔户内外，防鸡犬出入；也有的门外挂着编有花卉和"松竹梅"、"芝兰室"、"满庭芳"等字样的竹帘，既可挡住外面视线，又可采光通风。

世雍堂厢房板门、隔扇窗装修

具体装修式样有：如捷报门次间、仪门梢尽间，当中安装双扇板门；安装于露明的厢房边间，左右各安一扇板门；安装于露明的厢房边间，靠中间侧安一扇板门等。板门尺度一般高约2米，宽72至78厘米。

隔扇门　也叫格扇门，

爱日后堂次间板门、隔扇窗装修

宋称格子门，轻便、通透、装饰性强，多安置于金柱之间或檐柱之间，分隔室内外空间，常作为居室房门，安装于露明厢房明间。具体做法如下：

当中安装双扇隔扇门，常置于厢房露明的明间。门框与抱框之间用腰枋分隔，下段用间柱安装薄木板壁，上段或编竹夹泥墙封护，或用木板壁。东阳南江流域往往通透开方窗。当中安装双扇隔扇门，分有横披和无横披两种。

当中安装四扇隔扇门，门框与抱框之间编竹夹泥墙封护，门框

之间安装四扇隔扇门。如肃雍堂东西雪轩。

当中安装六扇隔扇门，常置于厢房露明的明间，分隔走廊与室内。

居室厢房，隔扇门不糊纸

世雍堂厢房隔扇门

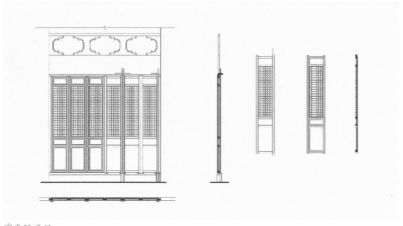

穿堂隔扇门

纱，边梃里侧开槽，置与隔心同样大小的遮板，上下滑动。开启时，可采光通风，落于裙板的下根穿带；关闭时，用隔心下的抹头中的暗销止住遮板。冬天防冷风吹入，夏天防强光射入。

　　隔扇门外形修长，由边梃、抹头、隔心、裙板、绦环板组成，往往轻巧通透，常做精美雕刻，极具装饰性。东阳一般以五抹头隔扇门最为常见。五抹头隔扇门，即在两根竖立的边梃之间，横安五根抹头，组成隔扇门的框架。五根抹头将门分为上、下四段：从上往下为上绦环板、隔心、下绦环板、裙板。上绦环

爱日堂厢房隔扇门

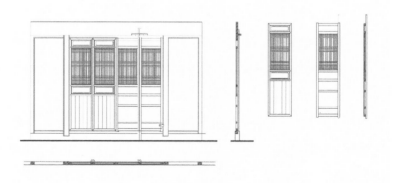

东雪轩隔扇门

板或用素板，或用浮雕花板，透雕成缠枝纹、如意纹、卷云纹、寿字纹、夔龙纹、缠枝嵌扇形板、缠枝蝙蝠纹、如意套寿字纹、夔龙套寿字纹等图案。隔心是隔扇门的主要部分，其高度大约占隔扇门的五分之二，一般采用镂空雕透，有利于采光和通风，同时也是隔扇门雕饰最精美的部分。隔心花样繁多，有的利用梻子榫卯结合组成一马三箭、柳条、方格、三交六椀、万字纹、回纹、龟背锦纹、冰裂纹、风车纹、寿字纹、万字套寿字纹、席纹、葵纹、映电等各种图案，榫卯结合常见有割角单榫、合角单榫、单榫做法，有的直梻与横梻各去一半咬合，有的梻子组成的图案与浮雕花板结合，有的不用榫卯结合的梻子，直接将木板钢丝锯透雕成绳纹（也称一根藤纹）、水波纹、拐子纹、鱼鳞纹，有的当中花板往往浮雕透雕成人物故事，工艺精致，令人赞叹。隔心制作分两种做法，一种是刨光的大块木板（或用竹销拼板），按图案钢丝锯透雕而成，做头缝装入边梃及抹头的里口槽内；一种是仔边与梻子、梻子与梻子榫卯拼接，有的饰以雕花图案的花结。复杂花心、梻条按照仔边里口尺寸放样制作，花结同步雕刻。仔边相交用夹皮榫，花心按图样组装拼接，上、下仔边加长出碰头，在对应的边梃位置凿眼，组装时拍边梃紧活。下绦环板，俗称锁腰板，由于它们的高度正好与人们的视线相平，便成为木雕装饰的重点部位，木雕匠在这块长方形木板上，采用阴刻、浮雕技法，或雕刻文字，或雕刻花鸟瑞兽、博古花瓶、山水楼阁、暗八仙、三国演义、西厢记、岳传、神话民间传说、戏曲故事、历史掌故，以及儒家教子育人方面等带有吉祥寓意的图案。裙板素平，不施雕饰。明代、清初边梃、抹头内面打槽，上绦环板、下绦环板、裙板做头缝装入边梃、抹头里侧槽内，隔心多用方格棂心。后来，裙板正面与边梃抹头平齐，背后用两根穿带置入边梃。

　　少数六抹头隔扇门，在五抹头隔扇门中的隔心再添一根抹头，四抹头隔扇门，则去掉了上绦环板。

　　栅栏门　有边框，没有门板，框内间隔空当安装与框同厚的木板，穿暗带，常作家庙门或巷门。

仪门家神殿栅栏门

（二）窗

窗和门一样，也是房屋建筑的重要组成部分，其主要作用是通风和采光。传统建筑的窗形式多样，甚至比门更丰富，它不仅仅满足通风和采光的需求，而且有很强的装饰性。卢宅的窗主要有隔扇窗、槛窗、棂窗、横披窗、方格窗等。

隔扇窗　分由边梃、抹头、隔心、裙板、绦环板组成的窗扇，以及转轴两部分。额枋、腰枋后分别置槛斗，以承窗扇转轴，腰枋背后置可活动的木闩。常见的有四抹头隔扇窗，五抹头隔扇窗。隔扇窗与板门、隔扇门混合使用，常用于居室采光和檐廊装饰，作用同前述的板门、隔扇门。少数如槛窗做法，腰枋上居中开双扇或四扇四抹头隔

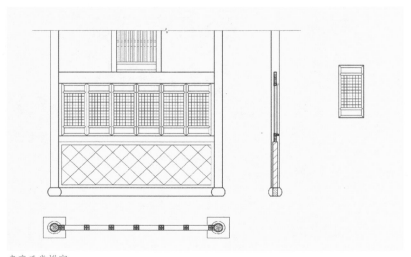

肃雍后堂槛窗

扇窗。东阳南江流域由于房屋底层较北江流域高，腰枋上往往加横窗，再安装隔扇窗。

少数三抹头方格格扇窗，无绦环板、裙板，如东荷亭书院小书房。二抹头隔扇窗，只有隔心，一般安装于楼层前檐桁与承椽枋之间。

世雍门楼槛窗

槛窗立在槛墙上，式样和隔扇窗或桭窗雷同。世雍堂门楼次间前檐里槛窗，居中安装两扇四抹头隔扇窗，左右两侧编竹夹泥墙封护；临溪民居槛窗居中安装四扇四抹头隔扇窗，两侧用木板封护；肃雍后堂次梢间后檐里，直接安装六扇四抹头方格桭心隔扇窗；还珠亭直接安装一马三箭桭窗。

东荷亭书院小书房门窗装修

棂窗

　　有些堂屋如爱日后堂、存义后堂次间（俗称大房）隔扇窗，临溪民居槛窗，在窗外加置窗栏，做法类似栏杆，用以阻挡视线，增强居室的私密感。东荷亭书院东侧的小书房次间隔扇窗外则用三格玻璃花窗的窗栏。

　　棂窗　式样有直棂式、破棂式、一马三箭三种，采用直棂穿横、横穿直棂、直棂横棂相交处各去一半咬合衔接等做法。正屋、厢房外墙大多用直棂窗，楼下窗稍大于楼上窗。具体做法为：有的在棂窗后装双扇可推拉的木板窗扇以采光，有的装单扇木板窗扇。

　　横披　一般安装于隔扇门窗的上方，位于额枋与腰枋之间，常见于层高较大的居室，随面宽分三樘安装，也有在板门上安装横披的。为了使立面效果更加协调，有的镶余塞板封护，有的通透开窗。

（三）隔断

室内隔断，有板壁、编竹夹泥墙、屏门作隔断，少数隔断，混合使用隔扇门与屏门分隔明次间，如东荷亭书院东侧的小书房，当中四扇隔扇门，两侧各一扇屏门，隔扇门隔心玻璃采光。

东荷亭书院小书房隔断

（四）楣子

楣子，安装于檐柱间，由边框和棂条组成的装饰构件。倒挂楣子，也叫挂落。楣子棂条组成各种不同的花格图案，往往三边做框，以榫固定在枋、柱上，起装饰作用。如小洋楼挂落，用透雕一根藤纹花牙子。

小洋楼栏杆挂落

（五）栏杆

栏杆，宋称勾阑，常在楼层檐廊或楼梯处装置木栏

世雍门楼栏杆

杆，供人凭倚远眺，兼起防护作用。临溪民居还有美人靠栏杆。

（六）天花吊顶

天花，又称平棊，古代建筑中的顶棚，用以限定室内高度，遮蔽梁架，遮挡尘土，兼起装饰作用。一般室内和前檐廊设有吊顶。肃雍后堂明间天花，贴梁、支条纵横相交成方格网，网眼内上置天花板，施海棠纹木

慎修堂栏杆

肃雍后堂明间天花

条。又如穿堂天花，贴梁、支条构成方格网，网眼内上置天花板。肃雍堂东厢房前檐廊，贴梁、支条攒成外框，分成三格，当中一格海棠纹，施圆形缠枝纹吊顶。

（七）楼梯

楼梯，宋称胡梯，坡度35度至45度。以两块厚枋为斜梁（俗称楼梯级），内侧相对开槽，其间嵌入促板（踢板）、踏板，构成梯级。踢脚板和踏脚板宽一般7至8寸，俗称踢七踏八，板厚6至8分，间隔三四梯级，踏板与斜梁燕尾榫卯结合，一般用四个踏板燕尾榫，将

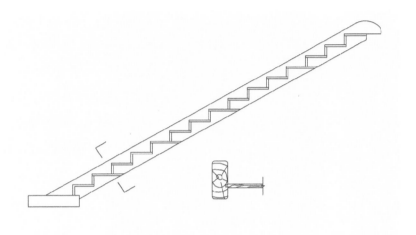

楼梯紧锁。楼梯级数避开9、14、19、24，俗称这几个数字在五行中属火，而木结构建筑最忌火。楼梯斜梁上口架在楼梯千斤梁上，下端台口常置条石，以防楼梯霉变和白蚁蛀蚀。

（八）楼板、地板

楼地板厚8分，用过夏的松木板制成，多用企口缝，用"洋钉在搁栅和串栅上。地板，宋称地棚，在地面加木垫块，上架木枋（也称龙骨），枋上铺企口缝地板，底部四周砖墙或门槛石有出气孔，其缺点是易遭蚁害。

五、榫卯

传统木结构建筑以用榫卯结合为常法，构件之间，尽量避免

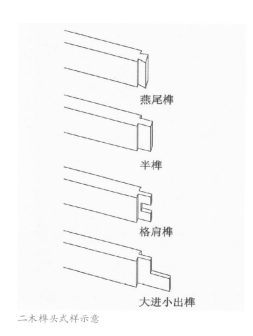

二木榫头式样示意

使用金属钉子，只有屋面连檐、望板、封檐板、博风板等使用铁钉，故有人说"二木结构不用一个钉子"。木构榫卯种类很多，形态各异，因需制宜，不仅与榫卯的功能有直接关系，而且与木构件所处位置、构件之间的组合方式，以及木构件的安装顺序和安装方法等均有关联。插柱式梁架采用直榫联结，柱、梁、枋、穿节点柱中销、雨伞销、羊角销三销加固连结是东阳民居榫卯的一大特色。

榫卯制作要领：出头榫宜留足够长度，半榫卯孔留余地，卯孔侧边应光滑，卯孔两头应微凸，房屋构件榫卯应松紧适度，小木装修则宜紧。紧则只宜直紧，不可横紧，防止爆裂，常谚曰："十分紧不及一分牢"。

榫头分出头榫（透榫）、暗榫、燕尾榫（扎榫）、蝴蝶榫等。

出头榫，榫头穿透过卯孔后还有一定的长度，以便加羊角销，多见于穿柱出头的梁类、枋类、串栅构件,常用大进小出榫。

　　暗榫,榫头不露出构件外表,直榫易拔榫,如半榫、格肩榫,也有形状类似大进小出榫但不出头的暗榫,多用柱中销加固。

　　燕尾榫,榫头前端大,榫肩部小,装入卯孔后具抗拉功能,因形似燕尾而得名,多用于柱与楣之间、桁条之间、搁栅之间的连接,墙牵的制作,以及板料90°角的联结等。

　　蝴蝶榫,也称银锭榫。形如两个燕尾榫合成,以形似蝴蝶而得名,多用于不用桁肩的柱头或厚重板材及石料等的拼接。

　　二木构件榫卯式样,见下图:

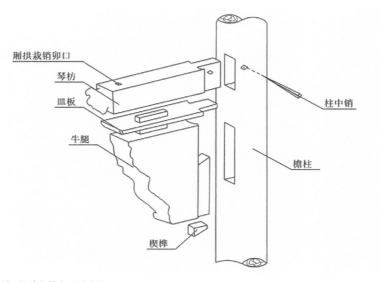

厢拱裁销卯口
琴枋
皿板
牛腿
楔榫
柱中销
檐柱

柱、梁、枋节点榫卯示意(1)

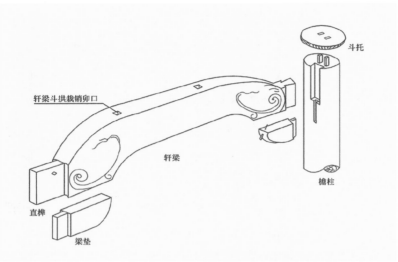

斗托

轩梁斗拱裁销卯口

轩梁

檐柱

直榫

梁垫

柱、梁、枋节点榫卯示意（2）

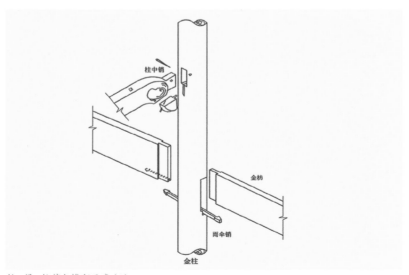

柱中销

金枋

雨伞销

金柱

柱、梁、枋节点榫卯示意（3）

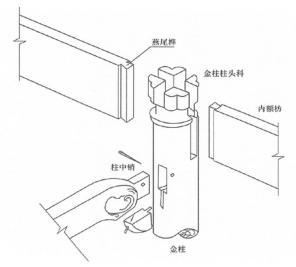

燕尾榫

金柱柱头科

内额枋

柱中销

金柱

柱、梁、枋节点榫卯示意（4）

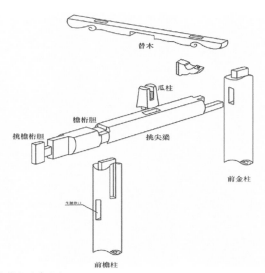

替木

瓜柱

檐桁胆

挑檐桁胆

挑尖梁

前金柱

前檐柱

柱、梁、枋节点榫卯示意（5）

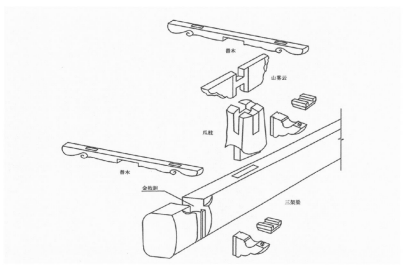

柱、梁、枋节点榫卯示意（6）

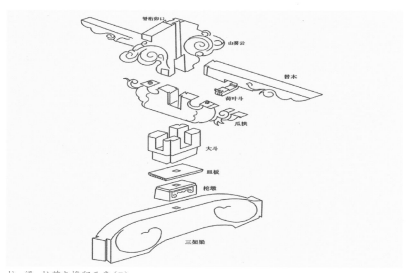

柱、梁、枋节点榫卯示意（7）

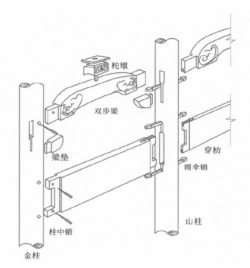

柱、梁、枋节点榫卯示意（8）

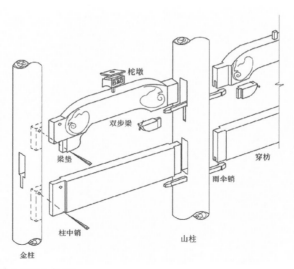

柱、梁、枋节点榫卯示意（9）

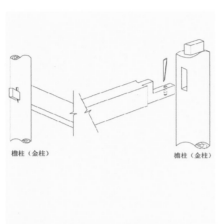

檐柱（金柱）　　　　　　檐柱（金柱）

柱、梁、枋节点榫卯示意（10）

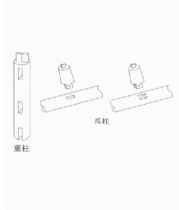

瓜柱

童柱

柱头、柱脚用榫示意（1）

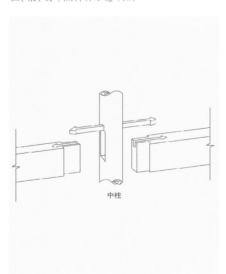

中柱

柱、梁、枋节点榫卯示意（11）

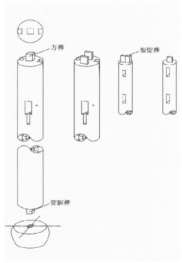

方榫　　　　　　銀锭榫

管脚榫

柱头、柱脚用榫示意（2）

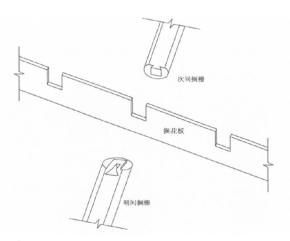

次间搁栅

搁花板

明间搁栅

搁栅间榫卯示意

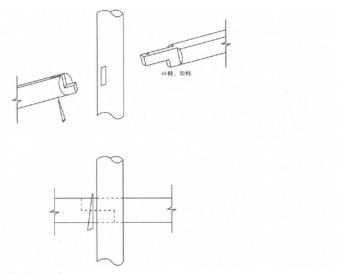

串栅、梁峰

柱、串栅、梁峰节点榫卯示意

东阳民居普遍采用三销,以加强水平构件之间、水平与垂直构件之间的拉结力,防止半榫、格肩榫、大进小出榫等直榫的拔榫。柱中销、雨伞销、羊角销见下图:

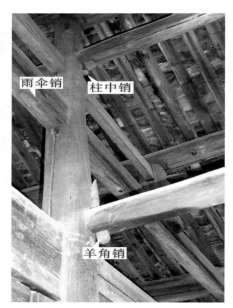

雨伞销、柱中销、羊角销实例

山柱中格肩榫、雨伞销卯眼

椽木搭接，见下图：

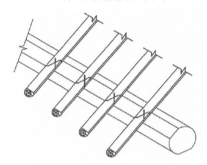

压掌搭接做法

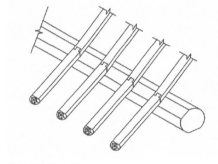

燕尾榫卯搭接做法

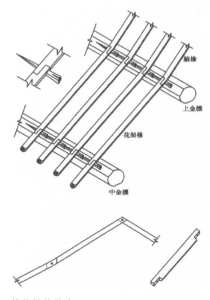

椽销搭接做法

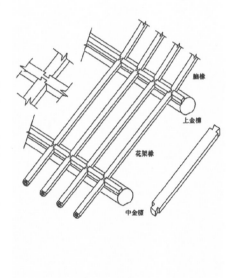

椽花搭接做法

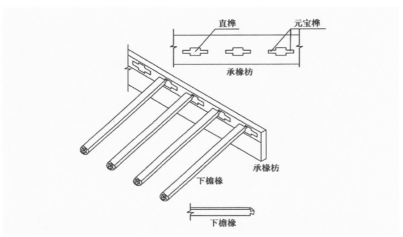

下檐橡木搭接做法

薄板、枋木拼合，见下图：

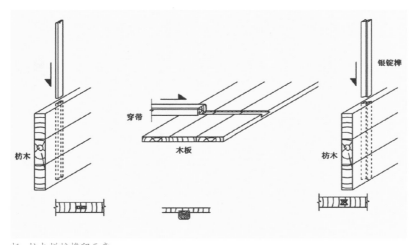

板、枋木拼接榫卯示意

门窗榫卯，见下图：

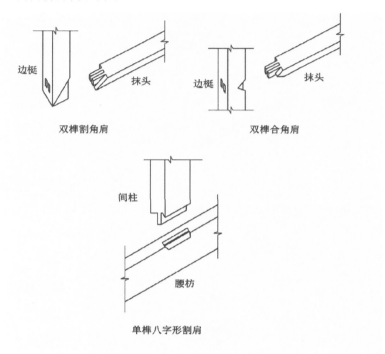

双榫割角肩 　　　　　　　　双榫合角肩

单榫八字形割肩

门窗节点榫卯示意

[肆]泥水作技艺

东阳民居粉墙黛瓦，马头翘角，极富韵律。大多数建筑除木构架承重，墙并不承重，只起围护、挡寒及空间隔断等作用，故有"墙倒屋不塌"的说法。墙与柱之间用"墙牵"联结，增强墙体的稳定性。墙体多为砖墙及版筑泥墙，室内地面多为方砖及三合土、灰土地

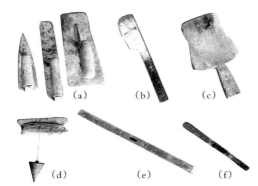

泥水匠常用工具：(a)泥刮；(b)砖刀；(c)托灰板；(d)线垂；(e)水平尺；(f)勾缝钎

世德上厅须弥座式阶沿

面，室外天井多为卵石及石板地面，屋顶多用青板瓦覆盖，人字坡顶。

一、常用工具

砖刀、泥刮、线垂、水平管、灰抹子、托灰板、弦线、泥桶、铁锹、齿耙、木夯、墩锤、角尺、水平尺、靠墙杆、勾缝钎等。

二、基础处理

竖屋前东家先请风水先生看风水，择日开工奠基。风水先生根据四周山水、地形地貌、自然植被、交通出路、气流通畅等自然环境，以及主人的要求、生辰八字，选定地基，确定房屋的朝向、台门方位。

泥水匠根据房屋的图样，按丈杆的开间、进深尺寸，在地基上打龙门桩定线放样，柱础位置一并放样定位，撒石灰线标示，而后开挖地基摆墙脚。一般挖深过界半尺。卢宅地面熟土深1至2鲁班尺，台基室内外地平差一般不超过2尺，无一边高一边低的坡度情况，故墙基一般高度2.6至3.6尺，基槽阔度为墙身厚度的1.5至2倍左右。

基础分墙基和柱基。卢宅民居一般前檐通敞，两山、后檐砌墙。两山、后檐墙基一般采

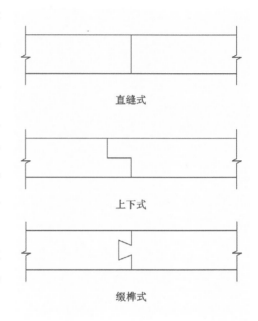

直缝式

上下式

缀榫式

阶沿石接榫示意

用条石式、毛石墙压面石式、毛石墙式。阶沿即走廊边沿，前檐磉盘外出1尺左右，属前檐台基，通常采用须弥座式、陡板石式和毛石碎砖式。无论哪一种方式砌筑阶沿，都要条石压面，作为阶沿石，加固基石。压面条石分麻石、青石两种，其长度与屋的开间相同，在前檐柱磉盘中心部位接榫，接榫方式有直缝式、上下式和缀榫式三类。

照墙、照壁和仿牌楼台门的基础大多用须弥座式。

柱基，分普通型和覆盆型两类。普通型，方形柱基，边宽为磉

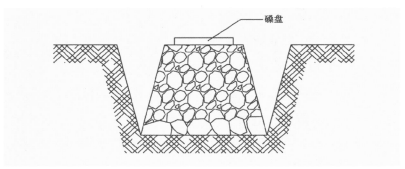

磉盘

柱基示意

盘石的1.5至2倍，挖深过界约半尺。基槽找平夯实后砌柱基，以毛石收分垒砌。磉盘方形平面，青石、麻石居多，在面上用墨斗弹出十字中线，与屋柱中心线校准验平，坐沙浆垫实塞紧，中心点上放置石础。普通型柱基多用于普通民居与宅第厢房。覆盆型柱基砌筑方法与普通型相同，差别在于磉盘的形状。覆盆型磉盘中央部位凸起2至3寸，外形雕饰，与石础配套，多见于祠堂、厅堂、府第、豪宅的敞厅。明代有在方形磉盘上另设覆盆的，如卢宅肃雍堂、树德堂的覆盆，虽然安放轻便，但在重荷下容易裂缝，清代时已弃置不用。卢宅覆盆大多素平，只有部分刻简单的圆枭纹线。

石础是放置磉盘上的垫柱石，起到防潮、防蚀和美化柱子的作用，分方形、鼓形、𪨗形、瓜楞形等类型。走廊檐柱多用圆鼓形石础，室内多用方形石础，体现儒家"外圆内方"的中庸理念。

明清两代的圆鼓形柱础有较大区别。明代圆鼓形石础最大直径位于腹部，形制或为素面，或上下一周各设泡钉，状如乐鼓。也有在石础顶端凿出榫坑，用以安装有馒头榫的柱子，如太和堂的泡钉鼓形柱础。清代以后，石础的最大直径逐渐上移，晚清时移至肩部，泡钉装饰渐趋消失，仅在柱础腹部雕刻如意花纹等。嘉庆、道光之际常见鼓形瓜楞柱础，腹部四周深刻瓜楞纹，也有的在瓜面上套刻如意花纹，加强美化。覷形柱础，中部外移，环有一道折线。折线有高有矮，疑无定制。也有如世德上厅、忠孝堂柱础般，与磉盘连在一起的。至清代，覷形柱础逐渐淡出。

三、墙体砌筑

东阳民居的墙只起围护防寒和分隔空间作用，不作承重，大多与屋柱分离，有利防火、防潮和防蚁。也有边柱一半露明、一半包在墙内的，俗称包柱。墙、柱之间采用"墙牵"联结，起到稳定木构架的作用。也有减去后檐柱，将梁穿搁入后檐墙的。但南江流域画溪、黄田畈一带厅堂，山墙承重，内墙砌砖仿梁柱构架，凸出墙面2至3寸，用细磨砖、砖雕砌出梁架形状，采用"插桁"做法，将桁直接插入山墙。而浦江则墙绘画出山缝梁架，仿佛木构一样。

墙的类型，按墙体材料分，有砖墙、版筑泥墙、编竹夹泥墙、石墙和混合墙等；按功能分，有山墙（俗称金字墙）、前檐墙、后檐墙（后壁墙）、院墙（照墙、围墙）、隔断墙、槛墙等。其中，院墙又分照墙、照壁、围墙等。

卢宅民居大多前檐通敞，墙体砌筑以两山、后檐三面为主，前檐墙仅见于倒座（俗称居头），如存义前厅。

（一）砖墙

卢宅民居砖墙最普通，主要有条砖陡砌、开砖陡砌、陡砌立桩实心墙、城砖错缝卧砌等多种做法。条砖长约1尺，长、宽、厚之比约为1∶1/2∶1/6，开砖长约1尺，长、宽、厚之比约为1∶1/2∶1/12，其厚度仅为条砖的一半。以黄泥浆调灰膏做刀灰，陡砌空斗墙。以碎砖瓦片填塞斗内，灌黄泥灰浆，加强碎砖瓦片的黏合度，增加墙体自重。条砖墙与开砖墙的区别，是看墙的丁砖（楔砖）厚薄：若楔砖是条砖，则为条砖墙；若楔砖是薄开砖，则为开砖墙。陡砌立桩实心墙，外观与条砖墙、开砖墙无异，区别是砌成空斗墙后，在空斗内直插杉木至墙脚，高至窗台或楼板，然后塞入填充物并灌浆，以增加墙

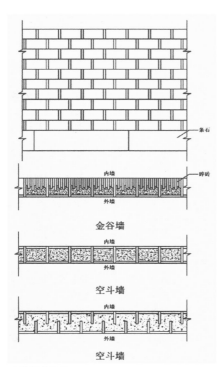

砖墙样式示意

的牢固度，如慎修堂山墙。其功能是防止窃贼撬墙入室，增强防卫性能，多见于富豪宅第或商店。

砌砖墙分<u>丝缝磨砖</u>、清水和混水三种。丝缝磨砖墙的砖均需经过砍磨通角，使用桐油石灰，缝宽1分或少于1分，木槌敲实，挤压紧密，严丝合缝。砌好后，将挤出砖外的余灰刮去。厅堂、祠堂或府第建筑的门面、照墙、照壁、甬道围墙、山墙中的穿枋下的内墙、垛头常采用丝缝磨砖砌法，并且会拼斗成各种砖细图案，常见的有方砖磨砖对缝和条砖磨砖错缝砌法。清水墙使用白灰膏，缝宽1至2分，用竹或木制刮刀刮灰膏，墙面平整洁净，次砖用到内面，表面不抹白灰，故称清水。混水墙用石灰沙浆，缝宽2至3分，表面抹灰，故称混水。

砌筑过程，一般先安石门框，再砌墙。

砌筑前，预先安装石门框。砌筑中间，同时安装垛石、角石、石窗、额匾。安装步骤为先摆槛垫石，上部与室内地齐平，外露墙面6寸左右，两端垫实，中间略空，防止墙体下沉时中间断裂。在槛垫石上画出中线，摆好门枕石，夹住门槛。搭接弄堂架，抬立框斜搁架子横木上，底部放置在枕石上端，竖正挂直，用架子横木固定。两边立框竖正后，安上石雀替，压上天盘，两端固定在架子横木上。如果是圆拱门，则直接将拱券压在门框顶部，有的顶嵌石额匾。

砌墙俗称封墙，山墙与后檐墙同步进行。先在基础压面石顶平砌1至3皮条砖或城砖，保持墙体平整和平衡。陡立空斗墙一顺一丁，不放眠砖，称全空斗，极少数四斗一眠。转角、墙垛、门窗垛均侧立砌筑。墙宽1尺，丁砖一楔到顶的，称小斗墙；墙体超过1尺，丁砖内外搭楔收分砌筑的，称大斗墙；也有楼下砌大斗墙，楼上砌小斗墙的。大斗墙的优点是稳定性强，楼上部分可利用断砖做踏楔。彻上露明造的敞厅山墙，在基础压面石上，有的平砌条砖，至与石础上皮平，做出墙下碱，或内墙在石础之间安地栿石，然后收分一寸砌墙。穿枋下内墙，往往刷黑，刻勒出图案，或者砌筑丝缝细磨砖墙。

砌砖墙前先排砖花，合理安排顺砖丁砖，使墙面分布均匀。一些民居在山墙与后檐墙转角处，放置角石，刻界址或地名及建筑年月，也起到护角作用。砌墙前要预留位置，砌到等高时竖起角石，放上压顶，重起砖角继续砌筑。

彻上露明造敞厅的边缝山墙俗称防火墙，以切隔木构架空间，防止火灾侵入。防火墙位于轩廊边缘的立垛，是人们进入庭院后视线最佳处，也是建筑装饰的重点展示部位。为了使立垛与木构架的牛腿、轩棚，以及石础、洞门等配套，阶沿石上设刻须弥座状的地栿石，高与石础上皮平，上砌砖垛，预留立面青石板位置。等墙砌到门券等高时，在垫石顶竖起石板，上压顶石，顶石外露数寸，刊头雕仙桃或狮子头等饰物。压石顶部与檐柱牛腿底齐，上面砌砖，随牛腿倾斜度平行出挑，作混枭至与腰檐齐。檐顶砌马头。这种做法避免了墙垛的平面单调，增添了轮廓线的变化。

墙砌到放窗位置时，砌一皮眠砖做窗台，立窗框，砌窗垛。楼下有木窗、石窗两种。木窗置窗栿。石窗方形，刻饰镂空图案，不开启，仅起到通风透光作用，故又称漏窗。窗框砌平挑雀替，放额顶（窗天盘）、砌窗罩，叠涩出檐，两头上翘，似鸟展翅，起到防雨作用。后檐墙楼层一般每间设窗，因额顶接近于后檐，故不设窗罩。

木构架边缝立柱，墙内砌入连接墙与构架的墙牵，以增强墙体与构架的整体稳定性，提高抗风抗震能力。墙牵分木砖装牵杆和条砖装牵杆两种，砖体砌入墙内，牵杆钉在柱边，上下各一个，夹拉住柱子。

后檐结顶后眠砖找平，砌2至5皮枭混叠涩出檐，上部顶椽木，用碎砖瓦和泥沿椽的倾斜度拍成坡形，与屋面叠瓦相接。普通民居不砌马头墙，山墙结顶后砌2皮砖出檐，出檐砖外口挂出1/3覆瓦作"披水"，檐顶与屋面瓦平接。

山墙砌马头，则沿山墙坡度叠落呈水平阶梯形，每级墙顶用小青瓦做成两坡短檐和脊，形似马头，故称马头墙。常见为五叠马头，俗称五花墙；若有腰檐（下檐），则称六花墙。一幢三合院常有六面山墙，二进、三进则更多。马头墙起到隔火功能，同时增强建筑物的动感美和群体美。

院墙出檐为增强线条美，多用鸡胸檐鼓砖双层砖椽，上覆砖连檐。也有正面鸡胸檐鼓砖出檐,背面叠涩出檐混合使用。

(二)泥墙

泥墙又名夯土墙、生土墙。版筑泥墙,东阳方言叫"揉泥墙"或"筑泥墙"。泥墙选料就地取材,因地制宜,用生土或生土熟土混合,也有在土中充入碎砖瓦,以增强墙体承重力,防止墙体裂缝。墙厚1.2尺,腰檐顶收分为1尺。泥墙属"生土建筑",墙体牢固,结构稳定,防寒吸热,节约成本,故民间有"只有千年泥墙,没有百代砖墙"的说法。民国以后经济条件较好者,用沙、黄筋泥、石灰混合筑三合土墙,俗称沙灰墙。

泥墙分版分层夯筑,连叠3至5层要停歇数天,待墙晾晒到一定强度再往上筑,行内有"叠五勿叠六、叠六便要哭"的艺诀。版筑分

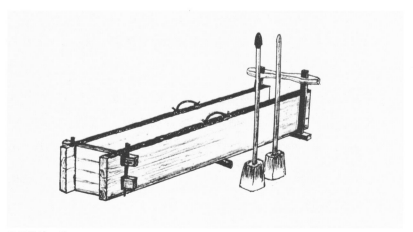

版筑泥墙工具

陷水、拖水两种。陷水版用的是固定长模板，七八人同时夯筑。东阳民居使用的是拖水模板，长约7尺，宽约1.2尺，高约1.2尺，由墙司板、扪头、夹棒、天龙棍、地龙棍等部件组成，匠人使用工具为鹰嘴锤、墙榔槌，每版分两步夯筑。先用榔槌柄笃实，再用榔槌夯平，两人操作。前边的人是技师，掌握墙板的垂直度、墙体的平整度；后边的人负责开模合模拖模，筑一版向前拖一版，上下错缝，操作灵活。为增强墙体拉结力，有时在墙体内隔版放置竹条片，竹节朝上，并列两条。

（三）石墙

石墙分片石、毛石和卵石等不同类型。卢宅地处平原，背倚东阳江，以卵石为常见，但也只有少数民居砌筑卵石墙面，部分楼下砌卵石墙，楼上砌砖墙。石墙宽约1.2尺，檐顶收分0.8至1尺。

（四）混合墙

混合墙俗称金谷墙，是用砖、石、断砖混合砌筑的经济型墙体，常用于民居后檐墙、披屋墙以及倒塌墙体的修补。其做法是外墙为陡砌砖墙，内用断砖或卵石砌筑。也有内外均砖石混砌的。也有底层版筑泥

编竹夹泥墙做法

墙,楼层收分砌开砖空斗墙。

(五)隔断墙

隔断墙主要用于明次间的间隔,俗称隔间。分木板隔断、木隔扇隔断、砖墙隔断、龙骨编竹夹泥墙隔断等。

四、屋面做法

传统建筑屋面微微向上反曲的"挠水",形成柔和美观的凹形,在屋脊两端翘高,形成造型独特的屋角。

卢宅的屋顶有硬山、悬山、歇山三种。厅堂、祠堂、府第多人字坡,马头山墙与观音兜山墙封护;寺院、亭台多歇山屋顶。屋顶有单檐、重檐之分,有腰檐的建筑为重檐,彻上露明造敞厅多为单檐。进深特大的厅堂,如卢宅肃雍堂的前厅与正厅,采用前后勾连搭的做法,让前后人字坡间的雨水从天沟向两山排出。

望砖垫瓦

杉片席垫瓦

(一)盖瓦

屋顶普遍施用青板瓦布瓦,明代以前规格较大,清代以后稍小,一般长7至8寸,大头宽7寸，小头宽6寸，厚0.4至0.5寸，弧度为瓦筒圆的1/4弧。也有如卢宅都宪木牌坊等少数屋顶盖青筒瓦的。另有一种陶窑烧制的红色"缸瓦"，长度约为青板瓦的1.5倍，宽度、厚度、弧度都比青板瓦大，牢度强，不漏水，用于正屋与厢房交界处的限沟，便于大雨时限沟通畅出水。

屋顶盖瓦采用阴阳盖瓦式，即底瓦向上（俗称仰瓦），覆瓦向下；底瓦小头朝下，大头朝上；覆瓦相反，小头朝上，大头朝下。瓦与瓦之间按"压七露三"搭接，一般要求下头压七露三，上头逐渐过渡到压六露四、压五露五。

屋面铺瓦有多种做法，主要有望砖上铺瓦、望板上铺瓦、杉片席上铺瓦、椽上铺瓦四种。

望砖长约8寸，宽约6.5寸，厚约0.5寸，一般直铺，轩廊卷棚椽顶横铺。望板板厚0.5寸，横铺，有平缝、叠缝、雌雄缝等类型。

杉片席上铺瓦杉片席俗称"箯"，用宽约1.5寸、厚约0.2寸的鲜

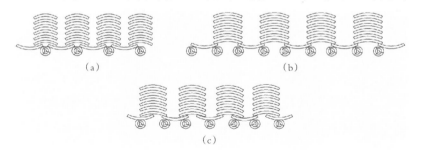

椽上铺瓦示意：（a）杠杠落；（b）隔杠落；（c）老鼠跳

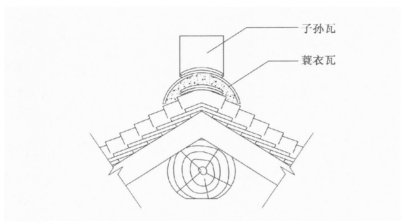

子孙瓦脊屋顶剖视

杉树片，在椽子上编织成方格网状或人字纹席垫，用铁钉扎于椽子上，然后在上面冷摊布瓦。

椽上铺瓦椽上不施任何铺垫，直接在两椽之间摊瓦，有杠杠落、老鼠跳、隔杠落三种铺瓦方式，杠杠落瓦沟过密，易堵塞；老鼠跳一旦歪闪，整条瓦易翻落；隔杠落疏密合理，瓦垄可随椽调节，且每垄瓦排列稳固。椽子要求方直，一般用杉木做椽，抗潮耐腐。

（二）屋脊

屋脊俗称屋栋，常见屋脊有立瓦脊、花砖花瓦脊两种。

立瓦脊在两坡瓦上以一扣二的方式做成脊背，而后从两山开始向屋脊中间斜铺立瓦，在屋脊中心形成"V"形空隙处横叠压瓦，挤压住两边立瓦。屋脊椽木上平摊瓦片坐浆，再用瓦片横向包住（俗称蓑衣瓦），上覆错开的二皮扣瓦，以"一扣二"方式，用一条扣瓦压住两侧蓑衣瓦，再从两山开始向屋脊中心斜竖立瓦（拉线操作、基本直立以增加屋脊重量），中心部位用瓦叠出古钱形或如意

捷报门屋脊

形，以加强美观。立瓦脊俗称子孙瓦脊，一般用于厅堂、宗祠。普通民居大多在扣瓦上，用底部弧形的压栋砖压住蓑衣瓦作脊。也有民居直接在包瓦上，用瓦片错开铺叠三四皮扣瓦做脊，俗称泥鳅脊。

花砖花瓦脊多用于公共建筑，如亭阁、寺院、台门、牌楼式照墙等处，施工繁复，式样美观。先在屋脊上以一扣二方式做成脊背，再用灰膏砌叠出花砖花瓦脊，有单层，也有叠层。叠层的有数道线脚，或实心型，或漏窗型，中心部位有马牌式（写字）、刹葫芦式、二龙抢珠式、龙门跳鲤式等。屋脊两端有鸱鱼吻兽等，全凭匠心巧运。如卢宅捷报门的纹头脊系花砖瓦脊，肃雍堂仪门、大厅悬山屋顶两端置龙头鱼尾吻兽，还珠亭歇山屋顶正脊中施葫芦单戟铁花刹、两端置龙头鱼尾吻兽等。

马头墙顶脊有立瓦脊、花砖花瓦脊、立砖花砖花瓦混合脊。根据顶脊一端翘角形状，分为玉玺马头、大刀马头、喜鹊马头等称谓。

高出屋面的马头墙、观音兜墙与屋面瓦交界处，为防斜雨侵袭，往往用石灰膏在靠墙一边黏砌瓦片，俗称膏瓦。

五、地面铺装及排水

传统建筑的地面，按范围可分室内地面、明堂天井地面等；按材料可分为青石地面、卵石地面、磨砖地面、三合土地面、灰土地面、黄泥沙地面等。

室内地面先砌好暗沟，铺砌门槛、地栿，夯实地面，上铺一层碎石粗沙隔潮，再铺灰土作垫层。砖石地面预先排好砖花、石花。天井明堂铺砌前先做好明沟和台阶。

（一）石板鹅卵石地面

有石板、鹅卵石多种材料，常常混合铺砌，常见于道路天井。肃雍堂自捷报门入前院至仪门，中间一丈多宽的甬道全部石板铺地，两侧用条砖铺成"米"字纹几何图案，间或用鹅卵石嵌填，气派恢宏。肃雍堂后四进前廊铺石板，世雍堂门楼石板斜铺阴刻方格纹。爱日堂天井四周石板作框，中间鹅卵石墁地。大多明堂石板作边框，中轴直铺石板作甬路，两边鹅卵石墁地。为使明堂与檐廊装饰匹配，工匠独具匠心，美化明堂，筛选出批量色彩不一、大小不等的鹅卵石，在甬路两边铺砌出古钱、蝙蝠、麋鹿、凤凰等彩色图案。也有用

忠孝堂地砖铺地

青砖作边框、鹅卵石拼图案的混砌墁铺。

（二）磨砖地面

明代卢宅民居以磨砖地面为主，常见于宗祠、府第和豪宅，俗称磨砖墁地。方砖规格为鲁班尺1.1×1.1×0.2、1.3×1.3×0.2、1.5×1.5×0.2三种，分菱形斜铺和错缝平铺两种方法，其中厅堂、檐廊部位菱形斜铺居多，住宅则以错缝平铺为主。先砌当中，逐排拉线铺砌，最后四周割砖铺砌。用桐油灰膏作黏结剂，木槌敲实，挤压紧密，严丝合缝。用砖灰补好残缺、砂眼。考究的在方砖干透之后，在地面倒些许桐油，让桐油渗入地砖，刮净擦干，隔绝地下水分，使地砖表面光洁明亮。

(三) 三合土地面

俗称甏地，始于清乾隆年间。三合土系用黄筋泥、石灰、泥沙相拌和，其配比为1∶2∶4或1∶3∶6或1∶4∶8。拌和后压上一夜，使三合土分化融合，增强黏结度。

三合土铺排均匀，勒尺刮平，木槌夯实到与礤盘平。组织小工用木刀、棒槌反复斩拍，拍平后搁置一段时间，在地面硬化前刷一遍盐卤（盐卤吐水，延长地面硬化时间），再次拍打，次数越多，时间越久，越坚固。最后用筷子般粗的牵绳，在面上拍打出方格纹或斜格纹。卢宅肃雍堂、树德堂、存义堂、东吟堂均为三合土地面。

(四) 灰土和黄泥沙地面

灰土地面系灰土和石灰，经过筛选拌和，干湿度标准为捏得起、放得开，拍打夯实，反复多次。造价极省，硬度不强，易返潮，多用于披屋、厨房和猪羊畜棚等次要建筑。

黄泥沙地面最经济，用黄泥沙拌和压实，就地取材，工期短，能防滑防积水，一般用于普通民居的明堂和通道。

(五) 水沟排水

东阳民居常常由二进或多进组成，院子相通，房子相接，排水设施成为建筑的重要组成。《阳宅经纂》云："凡第宅内厅外厅，皆以天井为明堂、财禄之所……宜聚合内栋之水，必从外栋天井中出，不然八字分流，谓之无神。必会于吉方，总放出口，始不散乱。"水沟排水颇费一番苦心。

水沟分暗沟、明沟两种。

暗沟，俗称阴沟，后进的屋檐水通过室内暗沟，流到前一进的明堂里。暗沟有陶管、砖砌，也有石砌。沟底与前后天井明沟沟底处平，两边陡立条石或条砖，上铺盖石或盖砖，盖顶做地面。暗沟进口和出口处，封漏刻陡砖或陡石，常做成铜钱纹，防止杂物流入堵塞。

明沟，即明堂天井四周水沟露明，旧有"四面檐水归明堂，明堂落水流月塘"之说，总结建筑物排水的流向。沟底铺石板、鹅卵石或青砖，宽1.1至1.5尺，深7至8寸，有的间立楔石顶住陡板石和明堂四周铺设的阶沿，底部清空通水。

六、泥作装饰

粉墙黛瓦是江南民居装饰典雅朴素的外观审美，石灰抹墙是保护墙壁不受风雨侵蚀的防护手段。为使黛色屋顶和白色墙面不致反差太大，有个过渡空间，工匠往往将后檐、山墙及山墙马头出挑檐砖墙肩以下5寸部位勾线墙画。敞厅内墙用条磨砖或方形磨砖一直砌到山墙穿枋底部，也有仅敞厅封火墙洞门至阶沿墙垛。山墙穿枋下面，也有白灰刷面涂黑，勾勒出菱形、龟背形以及其他几何纹样。同样，槛墙装饰也是如此。

卢宅豪宅厅堂的照壁、门坊、八字墙、砖仿牌楼的额枋等部位

白坦贻翼堂壁画　　　　　　　　　　　白坦福舆堂壁画

多见砖雕装饰。明代砖雕风格粗犷、拙朴、清秀，多为浮雕、浅圆雕手法，借助细刻造型。清代砖雕渐趋细腻繁琐，注重情节和构图，增加透雕的层次感，更显玲珑剔透。

照壁、门坊等大块砖雕的制作，须选择精细生土，经削剔除去杂质沙粒，用人工和牛力反复踩踏，直到细韧和具有较强黏性，然后打造砖坯，在砖坯上勾勒出画面部位，堆出所需物象，确定画面前、中、远景的层次；第二道工序是精雕、细刻修光；第三道工序是分割修坯，一般连同砖坯分割成方形，分割部位再修补；第四道工序是移入篷内阴干；第五道工序是入窑烧制。工匠在砌筑前，先在地面进行一次组装拼接，根据图案要求仔细量身编号，将砖雕底座四肋砍磨通角，然后吊线砌筑。

用于须弥座、台基下碱及瓦当滴水等砖雕，先用硬木制作砖架及阴刻图案的压模，倒入黏土加压，翻模成型，多为长方形，成型速度快，适合批量生产。

白坦贻翼堂砖雕

砖雕泥坯

[伍]石作技艺

石作是指传统建筑中石质建筑物的建造和制作，以及石构件和石部件的制作、安装。石雕是在石构件上雕刻出花纹图案，主要用于建筑外部空间及建筑承重部分，从粗放日趋精细。常见的石作内容有：

1. 墙基石活：条石基础、毛石糙砌基础、须弥座基础、土衬石、压面石等。

2. 地面石活：甬路石、鹅卵石墁地。

3. 台基：阶沿石、陡板石、须弥座台明。

4. 栏杆：土衬石、望柱、地栿、上枋下枋、上枭下枭、束腰、栏板等。

5. 柱础：磉盘、覆盆、石础。

6. 石柱、角柱石。

7. 门槛石、地栿石、下碱石。

8. 石门框: 槛垫石、门槛石、门枕石、抱鼓石、门框石、石雀替、门天盘、券石等。

9. 踏步台阶。

10. 石窗。

此外, 还有旗杆石、石狮、牌坊、碑碣、经幢、塔、桥、亭等建筑小品和其他石构建筑。

一、石作常用工具

錾子、哈、扁錾、宽口錾、马口、斩(剁)斧、长柄榔头、短柄榔头、路锤(鹰嘴锤)等, 其他工具有撬棒、墨斗、卷尺、线垂、墨签、砂轮、磨石、扛棒、铁丝箍、绳索等。

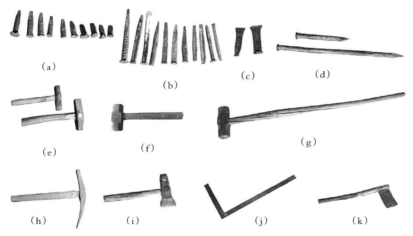

石作常用工具: (a)哈; (b)扁錾; (c)宽口錾; (d)錾子; (e)马口; (f)短柄榔头; (g)长柄榔头; (h)路锤; (i)凿毛锤; (j)角尺; (k)剁斧

二、工艺流程

宋《营造法式》规定："造石作次序之制有六，一曰打剥（用錾揭剥高处）；二曰粗搏（稀布錾凿，令深浅齐均）；三曰细漉（密布錾凿，渐令就平）；四曰褊棱（用褊錾镌棱角，令四边周正）；五曰斫砟（用斧刃斫砟，令面平正）；六曰磨砻（用沙石水磨去其斫文）。其雕镌制度有四等：一曰剔地起突，二曰压地隐起华，三曰减地平钑，四曰素平。如素平及减地平钑，并斫砟三遍，然后磨砻；压地隐起两遍；剔地起突一遍；并随所用描华文。如减地平钑，磨砻毕，先用墨腊，后描华文钑造。若压地隐起及剔地起突，造毕并用翎羽将细砂刷之，令华文之内石色青润。"

石构件和石构建筑工序，基本分为石料开采、搬运、粗坯加工、构件制作、雕饰和安装工序。

1. 石料开采

（1）打炮采石。在山石采取"控制爆破法"，用炮钎打出合理的炮眼，安装炸药，利用爆炸后的震动效应，把岩石炸开，形成大片石块。

（2）采用楔眼分割法，打眼劈楔，把大片石块分割为相应的荒料块。

2. 石料搬运

大件石料、石构件，通常用"牛"扛抬搬运。

3. 石料加工制作

（1）在石料看面上定平放线，凿去多余部分，称为打荒。其他各面均按此法，在规格尺寸以外5至8分处弹出墨线，把线以外的石料打掉。然后弹线抄平、砍口、齐边，再刺点、打糙道、石面找平整。一般条石基础、阶条石、陡板石、台阶踏步、地面石板经过去荒、修边、粗打、精打、抄平就可使用制作石构件。

（2）石料基本形状打成后，根据要求在露明各面进行打细道、剁斧、磨光。须弥座、柱础、门槛、地栿、下碱、门框、门枕石、抱鼓石等在此基础上就可制作石构件或进行石雕。

4. 石雕

东阳民居石雕常见于须弥座、栏杆、门枕石、抱鼓石、墙身下碱石、柱础、石窗、石狮、石牌坊。石雕技法常见有阴雕、浮雕、透雕、圆雕，主要经过画样、粗打（或称打毛）、打细三道工序。在石头上将题材与构图做配置、布局，根据在石料上所画线稿把内部无用的石料挖掉，达到轮廓外形粗具的粗胚，然后对粗胚样的雕件进行细加工，将石雕修饰完美。

5. 构件安装

因石材分量重，除地面工程外，如牌坊、石桥、石狮等，大多搭脚手架，用盘车吊装。其中牌坊安装以石匠为主，而石桥、石狮、石门框、地面石活等由石匠制作，多由泥水匠砌筑安装，如柱基、阶沿、石门框、地面石活安装见"泥水作营造技艺"所述。

[陆]雕花作技艺

　　木雕装饰是东阳传统民居的一大特色。众多的名不见经传的雕刻能手,以他们的勤劳和智慧,用手中规格不同的刀具,创造了许多珍贵的艺术瑰宝。东阳各地的民居住宅、祠堂、庙宇、牌楼、园林等建筑上的许多构件和局部,都饰以精美的雕刻。梁、枋、桁、轩廊、斗拱、雀替梁垫、牛腿琴枋、天花藻井、门窗隔扇、栏杆挂落、隔断乃至家具陈设、匾额楹联、民俗用品,无一不靠东阳木雕增添魅力,丰富了中国古代建筑艺术宝库。东阳木雕装饰因材施雕,主要是清水白木雕,即雕刻后只上清油,不作任何染色上漆处理,保留原木天然纹理色泽,风格或繁或简,素华相间,采用阴雕、浮雕(高浮雕、浅浮雕)、圆雕、镂空雕、透雕等技法,以实现它的艺术性、装饰性、实用性、欣赏性的有机结合。

一、雕刻常见工具

　　有刀具、敲击工具等。

　　刀具:按凿刃形状分为平凿、圆凿、三角凿、斜凿、翘头凿(即剔地凿)、蝴蝶凿等,凿刃最宽的凿有4至6厘米,最窄的凿只有针尖那么点儿。按功能分为毛坯刀、修光刀两类,主要以与木柄的连接方式来区分,一类毛坯刀,木柄削尖装入圆锥形的"翁管"之内,用于砍荒打毛坯,分平凿、圆凿、三角凿、翘头凿(即剔地凿)、蝴蝶凿;另一类修光刀,凿的根部方形钻条,安装时钻入木柄,用于掘细

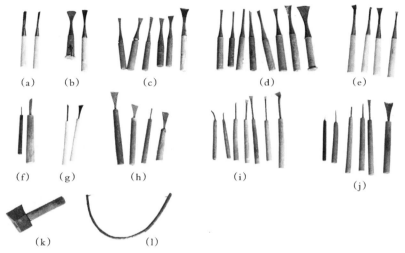

雕花匠常用工具：(1)毛坯刀：(a)三角凿；(b)蝴蝶凿；(c)平凿；((d)圆凿；(e)翘头凿；(2)修光刀：(f)三角凿；(g)斜凿；(h)平凿；(i)翘头凿；(j)圆凿；(3)其他：(k)小斧头；(l)钢丝锯

坯和修光，分平凿、圆凿、三角凿、翘头凿（即剔地凿）、斜凿。初学木雕者在选择刀具时，首先要了解它们各自的用途，然后再购买或者定制。

敲击工具：小木槌、小斧头（平头）。

其他工具：雕花桌、钢丝锯、牵钻、磨石、砂纸。钢丝锯，又名弓锯，它是用细长硬木（如木荷、坚漆）或竹片弯成弓形，两端绷装钢丝而成，钢丝上剁出锯齿形的飞棱，利用飞棱的锐刃来锯割，主要用于透雕时锯割众多的曲线。

二、木雕常用木材

东阳木雕用材一般选用材质坚韧细腻、纹理致密、色泽雅致、不易变形的硬木，过去本地常用的有樟木、枫木、枣木、柏木、苦槠木、胡桃木、银杏木等，现在，随着木雕产业的发展壮大，外地的椴木、楠木、柚木、花梨木、红酸枝、菠萝格、东北松、白桦木、柳桉木、水曲柳、黄杨木等木材也作为替代木材使用。工匠根据雕件部位、规格大小、题材内容、画面布局、雕刻技法的不同选择用材。

三、工艺流程

木雕一般由木匠取好构件材料（俗称料作），按不同的部位开出榫头，并试组装，榫卯严丝合缝后，再由雕花匠进行雕花。过去雕花师傅大多无专业的图稿设计，根据东家的要求和构件材料部位，事先构思和打草样，做到胸有成竹、心中有数，再操刀雕刻。主要工艺流程如下：

1. 放样勾画

将构思好的草样图描在木匠取好的构件材料上，或在构件材料上直接挥毫，简单勾画出草样。多见于牛腿琴枋等雕花图案复杂的构件，徒弟半作常采取此方式作业。经验丰富的老师傅则无须草样，直接按事先的构思雕刻。

牛腿取料开榫

2. 凿坯成形

楣梁放样雕刻

琴枋凿坯成形

牛腿修光

将图样加工成木雕坯胎半成品，可分为粗坯雕和细坯雕。粗坯是木雕作品的基础，它以简练的几何形体，概括全部构思的造型，要求做到有层次、有动感，比例协调，重心稳定，整体性强，初步形成作品的外轮廓与内轮廓。凿粗坯可从上到下，从前到后，由表及里，由浅入深，层层推进。凿粗坯时还需注意留有余地，如同裁剪衣服，要适当放宽。民间行话说得好："留得肥大能改小，惟愁瘠薄难复肥；内距宜小不宜大，切记雕刻是减法。"凿细坯则先从整体着眼，调整比例和布局，然后将具体形态逐步落实成形，并要为修光留有余地。到达这个阶段时，作品的造型和线条已趋明朗，因此要求刀法圆熟流畅，要有充分的表现力。

3. 细琢修光

在打坯的基础上进一步精细加工，对细坯雕后的半成品进行整修，运用精雕细刻以及薄刀法，修去细坯中刀痕凿垢，使作品表面细致完美。

琴枋修光

东阳传统民居重雕刻而轻油饰，二木构件木雕装饰大多为清水木雕，雕刻后只上桐油，不作任何染色上漆处理，保留原木天然纹理色泽。门窗装修和家具陈设，出于美观所需，上色油漆。

[柒]油饰彩画技艺

东阳传统民居一般雕梁而不画栋，重雕而轻油饰、不作彩画，是因为受朝廷规制的限制："凡庶民不得施重拱、藻井，及五色文采为饰。"木构件一般不作染色上漆处理，往往上桐油或者不上桐油，基本保持原木天然纹理色泽。豪宅厅堂、祠堂上色油漆彩绘。卢宅现存油饰彩绘多为明清作品。油饰彩画由油漆匠负责。祠宇厅堂油漆一般将柱、枋、桁饰漆黑色，梁、斗拱则饰红色，施彩画现象较为少见，仅见肃雍堂、树德堂、嘉会堂、世德上厅施以彩画，用色以白、土红、灰、墨为主，以绿、蓝为辅，富有民间艺术特色，不受规格化的局限。肃雍堂大厅桁条下皮图案的布局和花纹的配置，结合其在厅堂内的作用和位置，分别采用旋子纹、花卉纹、几何纹、松木纹、

肃雍堂彩绘

锦纹、卷云纹等。旋子纹雄健疏朗，花卉纹素雅活泼，几何纹细致规律。花卉以芙蓉、牡丹、荷花为主。世德上厅施旋子彩画。肃雍堂五架梁梁身以软卡子分成找头、枋心三部分，枋心占梁身二分之一，绘十字绵纹，找头松木纹，梁底以白色、土黄色为地，上绘粉红牡丹莲花，衬以蓝绿茎叶，淡雅别致。嘉会堂、树德堂五架梁梁身分找头、箍头、枋心五部分，枋心占三分之一，白地水墨画，找头红地乱石纹，只是嘉会堂用硬卡子分隔，树德堂用直线分隔。嘉会堂明间后檐枋彩画分为七段，枋心占三分之一，枋心盒子白地水墨绘"加官进爵"、"指日高升"图案，箍头、找头用绿、红、蓝三色绘蓝地绵纹。树德堂脊桁下皮分找头、枋心三部分，找头长同替木，当中枋心明间彩画

"双龙戏珠"、次间彩画"双凤呈祥",实为罕见。

上桐油和漆是两种做法,桐油要用经过熬煎的熟桐油,漆指真漆,又称土漆、大漆。煎熬桐油是个难活,需老师傅把关。将生桐油烧至80多摄氏度,看锅内的桐油白泡沫越来越小,直至起小颗粒青泡时,投入无名子。一般3斤桐油投入5至6颗。这时会起大泡沫,立即再投入金底约半两,将锅离火,使煎出的桐油特别鲜亮。无名子起的是干燥作用,金底的作用是增加光亮。

真漆不用煎制,从树上割取的漆胶,过滤后以1∶1的比例兑上熟桐油即可使用。

油漆彩绘事先披灰勾抿灰缝刮腻子处理。腻子一般用石膏与漆调制。

使用工具:粗砂皮、细砂皮、铲刀、刮刀、漆桶、刷子、调色板、画笔、角尺、弹线粉袋等。

工艺流程如下:

上桐油流程:煎桐油;披灰打磨(披石膏腻子,勾抿灰缝,打底,再用粗砂纸打磨);刷熟桐油。

油漆流程:煎桐油;披灰打磨(披石膏腻子,勾抿灰缝,打底,再用粗砂纸打磨);上色;真漆熟桐油勾兑调制;上底漆,砂纸磨光,再上漆,打磨上漆重复两三遍。

东阳彩画是一种无地杖层的彩绘,其工艺流程在上述油漆的勾抿灰缝披腻子砂纸打磨基础上，分衬底色、描线打框、起谱打样、颜料调色、绘画等工序。梁枋桁彩绘，描线先用装有朱红颜料的弹线粉袋弹线，主要作用是作轮廓线，分出找头、箍头、枋心各段。图案复杂的要起谱，打样或描至构件上。彩画颜料有朱红、石黄、钛白、钛青蓝、钛青绿等，常用烟囱灰（或锅底灰）碾细筛过充作黑色颜料，胶料用桃胶和牛皮胶，桃树根部春天流出的桃胶，是良好的水溶胶水，能使颜料粉充分溶解在桃胶中，自由调色，且不易褪色。

[捌]竖屋习俗

　　房屋对于老百姓来说，是重要的财富之一。置田，起屋造宅，历来是东阳成年男人的梦想。旧时建房竖屋，称"行大事业"，在择基、动土、砌墙、上梁等营造过程中，贯穿着一系列的民间习俗，体现了当地百姓对生活的热爱和对建房竖屋的重视。

　　造屋前，先请风水先生看地皮择屋基，合演生辰八字，选择动土开工、定磉、上梁吉日。卢宅大宗祠1948年重建时，族长卢锡庚就请了风水先生詹瑞枢择定了倒堂、定磉、竖柱上梁吉日。俗言"三世修个朝南屋"，朝南的房子冬暖夏凉，明亮通风，故民间视高燥向阳、视野开阔、出入便利之地为阳宅佳基。经风水先生反复揣摩，用罗盘定好房屋方位朝向，打桩定位。一般民房不可朝子午南向，应略微偏斜。选定"某年某月某日某时"为动土之日，时辰要与房主的生辰属相相生相合，不能相冲相克。破土前以雄鸡血淋于基之四周，若地基为烂泥地时，则将鸡血淋在米中搅拌成"鸡血米"，再在基之四周抛洒，然后挖三下土，表示动土。讲究的家庭还要摆香案祀请"鲁班仙师"，祈求开工顺利平安。泥水师傅依据方位朝向施线放样。放样完毕，即可开工竖屋。

造屋砌墙忌哭声，尤忌女人哭，谓闻哭声，则砌墙要倒塌。

明间正中屋顶脊桁称为"栋梁"，上梁就是指上这根栋梁。上梁之日，亲朋好友都要送礼和帮忙，注重礼仪。要察看气象，以下小雨为妙。要确定时辰，不得延误。要讲趋吉避凶，人气要旺，热热闹闹。贺礼都为馒头、黄酒各一担，另加贺联。女婿竖屋，岳父则须裹粽相贺，粽中必有几个1尺多长的，意谓"传宗接代"，并在粽上插上万年青，希望女婿家子孙财富万万年，同时送整枝带梢的藕一对。

吴宁台上梁

东阳方言中，"藕"与"后"、"厚"谐音，盼女婿家有后，家底丰厚。

事先在栋梁或楣上张贴"紫微拱照"的红纸横披，"照"字下四点须写成三点，因忌"火"。屋栋柱贴如"立柱巧遇黄道日，上梁欣逢紫微星"、"黄道临门归百福，紫微当户纳千祥"的红纸联句。上梁前先设香案、备供品祭梁，由木匠师傅主持祭天、祭地、祭鲁班仙师。左右置两个大托盘，盘上放糕点、糖果、馒头、红包。左边托盘搁泥水工具砖刀、泥刮，右边托盘搁木匠工具墨斗、角尺。上梁前，东家儿子将栋梁由作场抬到正堂（中央间），大儿子抬大头，小儿子抬小头，大头朝东（左），小头朝西（右），搁于三脚马上。梁要披挂9尺长的红布，红布在梁中间绕三圈，由木匠用五个铜钱交叉钉牢，谓"五代同堂"。然后点燃香烛，东家拜祭天地，木匠一手提酒壶，一手举杯洒酒，边洒边念："一杯酒敬皇天，二杯酒敬大地，三杯酒敬梁头，代代儿孙都封侯；从梁头敬到梁尾，代代儿孙穿紫衣；梁尾敬到梁中央，荣华富贵万年长。"敬酒毕，泥水匠在左楣，木匠在右楣，同时从木梯爬上栋头，开始应对《上梁歌》"上梁大吉"，然后栋梁徐徐上提，放于栋柱榫头上。时辰正时，泥水匠用锤，木匠用斧，同敲三下，安装落位，随即爆竹齐鸣，锣鼓喧天。若吉时不凑，则在梁下垫以棕箬或篾片，到时再抽掉。安梁毕，泥水木匠提一大箩馒头、糕饼、糖果，开始抛掷，俗称抛梁。此时，地上东家男女四人，拉被单相接，泥水木匠各先抛馒头糕饼入被单，谓"先利自家"。然后念

《抛梁歌》，向四面八方各抛一对馒头，再视人多处抛掷馒头糕饼糖果，邻近乡亲在底下接抢抛下的喜庆之物，喜笑颜开，欢声笑语，其乐融融。馒头不得抛光，要"有剩余"。梁中缠以红绸，两头各挂一对八角槌和一对长粽寓"宗长"之意。粽旁各挂灯笼一盏，以示光明。梁中段悬米筛一把，米筛中扎铜镜、剪刀、尺。米筛谓"千只眼"，铜镜谓"照妖镜"，剪刀和尺谓"裁剪"。此时，前后邻居也纷纷在自家门口挂米筛、铜镜、剪刀、尺和红绸，称之"赛红"。梁峰一头挂一鸡笼，笼中关一雄鸡，俗谓"千年报晓"。栋柱旁各立一对连根带土并系有红布的翠竹，谓之"子孙竹"，寓"多子多孙"。上梁仪式毕，木匠开始钉椽，泥水动手盖瓦，宾客忙着送椽递瓦，或帮助平整地面。是夜，东家设宴，宴请木匠、泥水匠及帮工、亲友。南江流域酒席中必有一道糖砂粽。宴席以泥水、木匠为尊，坐上首，若遇有石匠或铁匠在场，泥水、木匠让位，请他们坐首席。若来了烧炭的，则应让烧炭的坐首席。

旧时木构房屋，往往先立屋架后砌墙壁。封檐即是将墙壁全部砌好，盖好瓦片与屋架合拢，意味建屋告竣。封檐要摆封檐酒，宴请对房屋建造出过力的工匠和亲邻。封檐酒规模不及上梁，因上梁是相当于工程结顶，封檐属后续工程的一个阶段。若封檐能和上梁同日进行，则不另摆封檐酒。

卢宅营造技艺的传承及保护

保护好、传承好、发展好卢宅营造技艺，不仅是我市建设文化大市的需要，更是历史赋予我们继承和繁荣地方文化的责任和义务。

卢宅营造技艺的传承及保护

卢宅明清古建筑群是东阳地方文化的物化标志，承载和见证了东阳千百年来的历史，是历代能工巧匠智慧和技艺的结晶，具有珍贵的历史文化价值，是东阳的名片。其营造技艺，包括传统的建造技术和工艺，以及相关的营造思想和风俗习惯。东阳卢宅营造技艺作为婺州民居营造技艺的重要组成部分，2008年被列入第二批国家级非物质文化遗产名录。保护好、传承好、发展好卢宅营造技艺，不仅是我市建设文化大市的需要，更是历史赋予我们继承和繁荣地方文化的责任和义务。

[壹]传承谱系

东阳旧时传统建筑业发达，工匠人数众多，分布于东阳南北乡各个乡村，大多亦工亦农。民国时期，包头组织师傅、半作、徒弟、蛮工，组建"老师帮"，承建建筑工程。20世纪20年代，石宅人许文喜在上海开设耶森记作坊（俗称"斧头班"），红极一时。民国17年（1928），夏楼人楼发桂在杭州开设楼发记营造厂，最兴旺时泥木工匠近千人，营造级为甲等，承建蚕桑学校、杭高科学馆、省民众教育馆等。民国21年（1932），在上海先施公司的把作师傅古渊头艺人李高发中标上海国际饭店二层和孔雀厅装饰。民国25年（1936），30余名工匠承接上虞曹娥庙装饰。1952年，境内建筑工匠20209人，其中木匠4418人，泥水匠2772人，石匠271人。由于工匠处在社会的底层，不入士流，传统工艺技术被视为贱技，文献对此少有记载。东阳较有名气的工匠有：

泥水匠有陈声远、楼安法、楼上连、傅有生、朱钨金等。

木作有李高发、楼林法、楼上友、楼金昌、赵松如、李茂兴、李安锡、朱内家、王金卓、王金喜、俞有高、何誉敖等。

木雕有郭凤熙、郭金局、杜云松、黄郁文、黄紫金、刘明火、楼水明、卢连水、陆润寿、厉守铭、赵金清、马凤棠、吕加水等，当代大师有陆光正、冯文土、吴初伟、姚正华、徐经彬、方可成、李之江、黄小明、徐土龙、陆会勇、楼卫东、王向东、马良勇等。

石雕当代有东阳市优秀民族民间艺术家张跃龙。漆画当代有东阳市优秀民族民间艺术家蒋宣明、金学骞、郭忠伦等。

历史上，建造卢宅厅堂宅第的工匠，名不见经传，大多默默无闻。在卢宅雕过花的有黄郁文（生卒不详）、黄紫金（1894—1981），东阳湖溪人。黄郁文有民国7年（1918）的肃雍堂条案、屏风、烛台、格扇窗等传世。黄紫金人称"木雕宰相"，东阳木雕总厂的主创人之一，1957年被浙江省人民政府授予"东阳木雕名艺人"称号。相传建于民国初期的卢宅东吟堂木雕就是黄紫金早年的力作。从1985年至

2010年，参与卢宅维修、技艺超群的工匠，泥水有赵品仁、金承康、张华云、金伟星、张秀龙、应成富，木匠有吴明远、贾金德、俞有高、何誉敖，石匠有何士元，架子工有朱土印、吴兴福。其中父子师徒传承有序的木作传承谱系，较为著名的有俞有高、何誉敖一系：

俞有高祖孙父子兄弟三代木匠。俞根花为俞氏三代之祖，东阳三单乡下阳村人。子俞有高（1932—2006），曾主持国保单位卢宅树德堂后二进维修工程。孙俞余忠，今年43岁，曾主持卢宅肃雍堂后四进、李宅五垛古建筑第四进的维修工作，俞金良参加树德堂后进维修。

何誉敖，东阳三单乡蟠溪村人。何雨浩与何誉敖为师徒传承，何誉敖与何海云、何朝云为父授子承。何海云，曾参与卢宅肃雍堂后四进维修，主持卢宅西荷亭书院、铁门里、慎修堂、小洋楼、李宅"五垛"第五进、黉门前尊经阁的维修和李宅集庆堂重建。

[贰]传承人

随着国家对非物质文化遗产保护工作的开展，传承人的保护被重视起来，工匠的地位有所提高。东阳已有一些工匠相继被列为国家级和省市级传承人。其中东阳木雕有国家级非物质文化遗产传承人陆光正、冯文土、吴初伟3人，省级传承人徐经彬、黄小明、马良勇、徐土龙4人，金华市级传承人楼卫东、王向东、陆会勇、李中庆、张节平5人，东阳市级传承人施德泉1人。砖雕有省级非物质文化遗产传承人何松泉1人，金华市级传承人沈巩强1人。

东阳卢宅营造技艺有金华市级非物质文化遗产传承人吕雄心1人，东阳市级传承人顾小云1人。吕雄心，1965年4月出生于东阳徐宅乡宅口村，师承南江乡永久村木匠师傅叶洪水，熟练地掌握了传统木匠整套技艺及古建筑修缮的技术要点。2003年，招聘和培训了一批古建筑营造维修技术骨干，创办了浙江省东阳市方中古典园林有限公司，先后出色完成了衢州家庙保护修缮工程，诸暨市继述堂维修工程，长兴市白溪朱氏宗祠修缮工程，东阳市紫薇山民居中穿堂修复工程，东阳市湖溪镇马上桥花厅正厅、厢房修缮工程，龙游三槐堂修缮工程，金华市唐宅村进士第修缮工程，义乌市义亭镇王氏宗祠修缮工程等。顾小云，1960年7月出生于东阳吴宁镇，1983年拜卢华忠为师，先后参加了全国重点文物保护单位卢宅第一、二、三期古建筑的修缮、搬迁复原工作，独立主持完成了明代兵部尚书张国维厅的拆迁复原，省级文保单位龙虎山草堂的设计施工，国保单位江西流坑文馆的维修等任务，师成后一直从事古建筑的测绘及施工管理工作。

[叁]现状与保护

随着社会经济文化的发展，城乡建设进程的加快，人们的生活生产方式得到较大的改变，乡土建筑市场不断萎缩，尽管有关方面采取了一系列措施大力保护并致力于传承东阳传统建筑营造技艺，但从调查情况来看,传统工匠年龄大多在30至60岁,30岁以下的工匠非常少,青黄不接,后继乏人,传统营造技艺传承濒危。造成这一现象主要有以下原因:

1. 传统营造技艺的木作、泥水、雕花、石作等行业,劳动强度大,手工操作难度高,二木作中榫卯制作的套照付照技艺复杂难懂;现年轻人多为独生子女,家长都希望孩子读书上学,一般只有在学业无果的情况下才会选择学手艺,年轻人缺乏吃苦耐劳精神,导致师傅带徒传艺和学徒学艺的积极性不高,这导致民间工匠日渐老龄化,传承断层,部分传统技艺面临着"人亡艺绝"。

2. 乡土建筑市场的萎缩,建造、修缮乡土建筑的民间工匠纷纷改行,另谋赚钱较快的职业,东阳相当多木匠改行从事装潢装修和红木家具制造。现传统木匠泥水主要集中在经济落后的山区。一些特色工艺、技能由于后继无人,面临失传的危险。

3. 由于人工工资成本上升,二木作中的柱加工、木构件的锯解与推刨净光、小木作中的门窗装修、石作中的石材加工雕花、雕花作中的浅浮雕雕花,砖瓦烧制等方面,经营业主采用机械化生产,流水作业,对传统技艺的传承有一定的破坏作用。机械代替手工,一些传统营造技艺甚至于濒临淘汰。

4. 广厦职业技术学院从2008年开始,设置木雕设计与制作专业,并向社会招生。技艺传承局限于雕刻技艺上,而对传统建筑营造技艺起主导作用的二木作、泥水作、石作技艺的传承还是空缺的；高校培养的相关专业人才有限，从事乡土建筑研究保护的队伍和技术力量缺乏。

优秀的传承人（工匠）是传统建筑营造技艺传承发展的关键。目前，营造技艺传承人还没有国家级、省级传承人，仅有金华市级传承人、东阳市级传承人各1人，都是古建筑施工管理人员，而在营造技艺起主导作用的二木匠、泥水、石匠一线技艺精湛的工匠则未能列入传承人保护，他们大多年事已高。因此，我们要从多方面对传承人进行全面保护和培养，"活态"保护传承东阳传统营造技艺。

首先普查民间传统工匠，选择当中技艺精湛的工匠，确立不同工种的传承人，对积极传授营造技艺的传承人给予支持和补助，对营造技艺过程进行文字、视频、图像的整理录制和保存建档。依托东阳市古典园林设计有限公司、东阳市文物建筑修缮有限公司、东阳市方中古典园林有限公司、东阳市木雕古建园林工程有限公司等专业化的公司，将工匠的传承活动与项目施工结合起来，锻炼施工队伍并培养新的传承人。同时，建立古建筑技术培训班或古建园林学校，培养既懂古建知识，又掌握营造技艺的新型传承人。在高校和职业学校开设相关课程，培养专门人才，提高理论研究水平和实际操作能力。

参考文献

1. 梁思成. 梁思成全集（第七卷）. 北京：中国建筑工业出版社，2000。

2. 王庸华等. 东阳市志. 上海：汉语大辞典出版社，1993。

3. 卢启源. 卢宅. 北京：中国摄影出版社，2006。

4. 王仲奋. 东方住宅明珠——浙江东阳民居. 天津：天津大学出版社，2008。

5. 韦锡龙. 卢宅营造技艺. 浙江：浙江古籍出版社，2014。

6. 马炳坚. 中国古建筑木作营造技术. 北京：科学出版社，1991。

7. 范久江. 嵊州民间大木作的标准化装配体系与自然材. 设计与艺术，2010（5）。

8. 李浈. 中国传统建筑形制与工艺. 上海：同济大学出版

社, 2010。

   9. 黄续, 黄斌. 婺州民居传统营造技艺. 安徽: 时代出版传媒股份有限公司、安徽科学技术出版社, 2013。

   10. 卢华忠, 顾小云. 东阳木雕古建筑构件. 东阳建筑, 1995 (3)。

   11. 卢华忠. 文物保护工程中常用的施工技术讲义。

   12. 赵衍. 康熙新修东阳县志。

   13. 党金衡. 道光东阳县志。

   14. 卢潮生. 三峰卢氏家志。

   15. 作者不详. 雅溪卢氏家乘。

   16. 作者不详. 仰高许氏宗谱。

   17. 作者不详. 昭仁许氏宗谱。

   18. 作者不详. 东关陈氏宗谱。

   19. 作者不详. 东阳何府宗谱。

后记

卢宅明清古建筑群，既是一首凝固的史诗，又是历史真实、生动、形象的见证，它是卢宅人的骄傲，也是东阳人的骄傲。这座遐迩闻名的建筑群，从环境选址、布局规划到营造技艺，无不渗透着东阳能工巧匠的智慧和汗水。古代工匠在长期营造过程中积累了丰富的技术与工艺经验，根据当地实际情况，在材料的合理选用、结构方式的确定、构件的加工与制作，节点及细部处理、木雕装饰的运用和施工安装等方面都有独特与系统的方法与技艺，浸润着地方传统文化与艺术成分，他们创造的木结构榫卯制作的套照付照技艺、非等高柱础柱脚截余的退磉技艺，具有鲜明的地方特色，极大地丰富了中国传统建筑营造技艺内容。

在木作的调查采访中，得到了木匠师傅何誉敖、何海云、何朝云父子三人的帮助。在制图过程中，得到了骆欣欣、马燕杭、李玲、冯伦、金清清、龚明伟等的支持。关于卢宅和卢宅营造技艺，很多建筑专家和文人以此为题材有多种专著问世，本书也汲取了其中的很多观点，在此向这些前辈深表感谢。

由于编者学识有限，加上时间仓促，书中不足之处在所难免，祈望读者不吝批评指正。

编者

2014年8月9日

本书编委会名单

主　编：韦锡龙

副主编：吴海刚　朱斐婳　吕雄心　张立志

编　著：吴新雷　楼震旦

责任编辑：潘洁清

装帧设计：任惠安

责任校对：朱晓波

责任印制：朱圣学

装帧顾问：张　望

图书在版编目（ＣＩＰ）数据

东阳卢宅营造技艺 / 吴新雷, 楼震旦编著. —— 杭州:
浙江摄影出版社, 2014.11（2023.1重印）

（浙江省非物质文化遗产代表作丛书 / 金兴盛主编）

ISBN 978-7-5514-0757-1

Ⅰ. ①东… Ⅱ. ①吴… ②楼… Ⅲ. ①民居—古建筑
—介绍—东阳市—明清时代 Ⅳ. ①K928.71

中国版本图书馆CIP数据核字（2014）第223591号

东阳卢宅营造技艺

吴新雷　楼震旦　编著

全国百佳图书出版单位

浙江摄影出版社出版发行

地址：杭州市体育场路347号

邮编：310006

网址：www.photo.zjcb.com

制版：浙江新华图文制作有限公司

印刷：廊坊市印艺阁数字科技有限公司

开本：960mm×1270mm　1/32

印张：6

2014年11月第1版　　2023年1月第2次印刷

ISBN 978-7-5514-0757-1

定价：48.00元